Artificial

硅、神经与
智能体
人工智能的觉醒

王亚晖 著

Intelli

gence

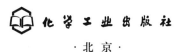
化学工业出版社
·北京·

内 容 简 介

本书追溯了人工智能从古代的机械计算器到现代深度学习与强化学习的演变历程，突出了人工智能历史上的关键里程碑和众多科学家、工程师及思想家的贡献，特别强调了图灵测试的提出和达特茅斯会议对人工智能领域的深远影响。

作者深入探讨了AI技术在个人助手、无人驾驶、拟人机器人等前沿领域的应用，并对未来的发展趋势进行了预测。书中还介绍了图形芯片、ChatGPT、Midjourney、Stable Diffusion和DeepSeek等技术，展现了智能体在创意表达、问题解决和人机交互等领域的无限可能，揭示了AI如何塑造未来。

本书旨在激发读者对人工智能的兴趣，并为那些渴望深入了解AI领域的读者提供一份全面的入门指南。作者希望读者通过本书能够洞察AI的潜力，并期待更多人投身于AI的研究与创新之中。

图书在版编目（CIP）数据

硅、神经与智能体：人工智能的觉醒 / 王亚晖著.
北京：化学工业出版社，2025. 2. -- ISBN 978-7-122
-46833-8

Ⅰ．TP18

中国国家版本馆CIP数据核字第2024V7274Y号

责任编辑：笪许燕　　　　　　　　　　封面设计：韩　飞
责任校对：宋　玮　　　　　　　　　　装帧设计：盟诺文化

出版发行：化学工业出版社（北京市东城区青年湖南街13号　邮政编码100011）
印　　装：大厂回族自治县聚鑫印刷有限责任公司
710mm×1000mm　1/16　印张18　字数227千字　2025年3月北京第1版第1次印刷

购书咨询：010-64518888　　　　　　　售后服务：010-64518899
网　　址：http://www.cip.com.cn
凡购买本书，如有缺损质量问题，本社销售中心负责调换。

定　　价：78.00元　　　　　　　　　　　版权所有　违者必究

前言
preface

在浩瀚的文明长河中，仿佛从古至今，人类从未停止过对智能的追寻与渴望。在古老的神话、寓言中，那些会思考、会判断的仿生物早已悄然预示着人类心中的梦想——创造一种智慧与人类相媲美甚至超越人类的存在。正是在这一古老愿望的驱动下，人工智能的火花在科学与哲学的碰撞中被逐步点燃。

从古代那些神秘的机械装置开始，人类的创造力便试图突破自然界的限制，将对智慧与生命的渴望凝聚于冷冰冰的金属与齿轮之间。古希腊的自动机械和中国的古老机关，无不映射着我们心中那种难以言表的愿景——让非生命的物体拥有思想和意志，成为我们意念的延伸。

随着时间的推进，这种追寻不再仅仅停留在工程与物理的范畴，而是扩展到了文学和艺术的天地。科幻小说成为了人类想象力的沃土，那些超越时代的作品描绘出栩栩如生的智能生命，不论是玛丽·雪莱笔下的《弗兰肯斯坦》，还是阿西莫夫的机器人三定律，都以富有哲理的笔触探讨着伦理与人性。

而真正的技术革命则始于艾伦·图灵，那个将数学、逻辑与机械结合起来的天才，用他的理论打开了一扇通往无限可能的大门。他设想的图灵机，虽然只是一个抽象的概念，却奠定了现代计算科学的基础。通过这一构想，人类第一次认识到，思维并非不可模拟的神秘力量，而是可以通过精确的算法和规则加以重现的。从此，机器不再仅仅是执行简单指令的工具，而是成为了潜在的智能载体。

随后，在达特茅斯会议上，人工智能这一崭新的学科正式诞生。一群意气风发的学者大胆提出：机器不仅能够计算，还能学习、推理和解决复杂问题。这次会议犹如一颗种子，深埋于技术与思想的沃土中，虽然最初的成果并不辉煌，但它孕育了无数激动人心的未来发展。

日本提出的第五代计算机系统项目，承载着国家的经济梦想与科学理想，它不仅是技术领域的前沿探索，更是一场全球范围内的科技竞赛，彰显了一个时代对于未来智能世界的远见与雄心。然而，尽管充满希望，最终的成果却并未完全兑现人们这份期许。

人工智能的"寒冬"象征着人类对于机器智慧的过高期望与现实能力之间的矛盾。曾经被视为变革性技术的人工智能一度陷入了停滞，研究经费枯竭，人们的信心大幅受挫。科技的发展往往是曲折而非直线的。正是在这样的沉寂期中，新的思想火花悄然酝酿。深度学习的革命性突破正是这场酝酿的结果，它以不可思议的方式重新定义了智能，让计算机能够像人类一样识别图像、理解语言、甚至在复杂的环境中做出判断。

时光荏苒，如今我们生活在一个全新的AI时代，深度学习算法与神经网络已经深入到我们生活的方方面面。ChatGPT等大规模语言模型的出现，让机器不仅能理解人类语言，还能生成几乎与人类的创作无法区分的内容。这种进步似乎在回应着人类千百年来不断追问的那个终极问题："机器真的能思考吗？" 这个问题如今不再是遥不可及的哲学命题，而是我们每天与之共舞的现实。

在这个智能化时代，硅作为支撑人工智能大脑的核心材料，不仅推动了硬件的革命，也使智能体应用多样化，从语音助手到自动驾驶，从健康医疗到金融分析，人工智能已经渗透到我们生活的每个角落，成为我们不可或缺的一部分。

　　未来，人工智能的进步将不仅限于技术层面的突破，更意味着我们将逐步迎来与智能体共存的时代。硅将继续进化，成为更加高效、智能的计算载体，而智能体将在人类社会的各个领域发挥越来越重要的作用。人工智能将不仅仅是工具，它将成为人类智慧的延伸与补充，甚至可能与人类的认知和情感深度融合。人类与智能体的关系，将成为人类文明下一阶段最为重要的命题。

　　本书正是要追溯这段充满冒险与挑战的历史。我们将深入探讨每一次重大的技术革新和理念变革；回顾那些引领时代的人物和他们的光辉成就，以及他们对当今AI世界的深远影响；思考人工智能的未来将如何与人类共同进化。我们站在时代的交汇点上，展望着AI的光明前景，也警惕着未知的挑战。在这场人类与智能的共舞中，过去已然铺就，未来正在我们手中书写。

　　谨以此书，献给每一个对人工智能抱有好奇与梦想的读者。

王亚晖

目录
contents

第三章 乐观思潮，直至寒冬

第四章 异军突起：日本与第五代计算机

第八章 便利与争议：ChatGPT、Midjourney、Stable Diffusion

附　录

引 言

古老的狂想：
人类对人工智能的向往

古代人类对人工智能的探索

人工智能（Artificial Intelligence，AI）的概念最早由约翰·麦卡锡（John McCarthy）于1956年提出，同年，他组织了历史上首次专门探讨AI主题的学术会议，标志着AI领域的正式诞生。然而，对于机器是否具备思考能力的探索实际上比麦卡锡更早。早在1945年，科学家范内瓦·布什（Vannevar Bush）在其具有里程碑意义的文章《诚如所思》（*As We May Think*）中，便构想了一种名为Memex的装置，该装置被设想为能够通过自动化方式扩展人类的知识和理解能力。

五年后，即1950年，艾伦·图灵（Alan Turing）发表了一篇开创性的论文，提出了"图灵测试"，用以评估机器是否能够展示与人类不可区分的行为。图灵的思想不仅推动了计算机科学的发展，还为AI的理论基础和实际研究提供了重要视角。图灵通过这篇论文首次提出了机器模拟人类行为并执行智能活动的可能性，对后来的AI研究产生了深远的影响。

事实上，在现代科技探索人工智能之前，人类对于拥有智能的人造生命的追求已有悠久历史。例如，在希腊神话中，塔洛斯是一个由青铜制成的巨人，被赋予了守护克里特岛的任务。这个巨大的自动机械不仅能向侵略者的船只投掷巨石，还能每天围绕岛屿巡逻三次，确保岛屿的安全。

塔洛斯的雕像

据伪阿波罗多洛斯在其著作《图书馆》中记载，塔洛斯是由锻造之神赫菲斯托斯在一位独眼巨人的协助下制造的。赫菲斯托斯将这个机械巨人作为一份珍贵的礼物，献给了克里特的国王米诺斯。而在《阿尔戈英雄记》中，杰森和他的阿尔戈英雄们巧妙地通过移除塔洛斯脚边的小塞子，让其体内充满生命力的液体流出，从而使塔洛斯失去活力，变回了无生命形态。

皮格马利翁是希腊神话中的一个传奇国王和杰出的雕塑家，他的故事在古罗马诗人奥维德的《变形记》中被精彩地讲述。

他曾因目睹女性的不端行为而心生厌恶，但内心仍然向往纯洁的爱。在维纳斯神庙，他祈求爱神赐予他一个如他的雕像"加拉蒂亚"一样完美的伴侣。这个雕像是他心目中理想女性的化身，纯洁而完美，也是希腊神话中对于人造人的最早描绘。

在歌德的《浮士德：悲剧的第二部分》中有一个引人注目的情节，一个通过炼金术制造的名叫荷马科罗斯的瓶中生命体，渴望成为一个完整的人，但在变化过程中，他所处的烧瓶突然破裂，于是他消失了。荷马科罗斯体现了人类对超越自然和掌握生命奥秘的渴望，但这个愿望注定无法达成。

瓶中的荷马科罗斯

在欧洲文艺复兴时期，多才多艺的意大利科学家和艺术家达·芬奇（Leonardo da Vinci）设计了一款机械人形机器人。这款机器人采用木头、金属和皮革作为外壳材料，通过复杂的齿轮系统驱动，可以坐下和站立，其头部和胳膊也能进行相应的转动。

达·芬奇的这一创造堪称科技与艺术结合的典范，展现了他对于机械和工程的深刻理解和创造力。数百年后，一群意大利科学家花费了15年的时间，根据达·芬奇留下的草图和设计概念制作了一款被称为"机器武士"的机器人。这个机器武士的制作不仅是对达·芬奇机械设计才能的致敬，也展示了他的设计在现代仍具有实际应用价值和启发性。

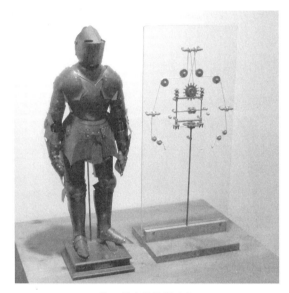

达·芬奇的机器武士

18世纪70年代，瑞士钟表匠皮埃尔·雅克·德罗和他的儿子制作了一些极具创新性的自动机械装置，包括写字机器人、绘图机器人和演奏机器人。这些机器人在技术上展示了当时机械工程的顶尖成就。

写字机器人尤其引人注目。一旦上紧发条，它便会抬起右臂，用手中的鹅毛笔轻轻蘸取桌面右侧墨水壶中的墨水，然后在白纸上缓缓书写几行文字。这个自动人偶不仅能够模仿写字的行为，其内部结构更是巧夺天工：通过更换内置的40个齿轮，机器人可以书写不同的文本。

　　这三个人形自动玩偶被认为是机械自动化领域的杰作，至今仍保存在瑞士纳沙泰尔市的艺术和历史博物馆内，是研究机械自动化和早期人工智能历史的宝贵资源。

皮埃尔·雅克·德罗的三个机器人

绘图机器人画的图

在中国古代，人工智能的概念虽未形成，但对自动机械的探索已有所体现。唐朝张鷟撰写的笔记体小说《朝野佥载》中，记录了一些关于人形机器人的奇妙故事。

洛州县令殷文亮有一个发明，他用木头制作了一个女侍从机器人，这个木制侍从能够招待客人，行为逼真，所有见到它的人都感到很惊奇。还有一位名叫杨务廉的工匠，他制作了一个能够乞讨的木制僧人。这个机器僧人手持一个碗，当碗中的铜钱积满时，就会触发机关，发出"布施"之声。这个机器人吸引了众人围观，不少人真的投了钱。

此外，书中还提到了一位名叫马待封的东海郡工匠，他为皇后制作了一个精巧的梳妆台，台下两层，每层都有门户。当皇后梳洗时，一个木制的妇人会自动从门内走出来，递上毛巾和梳子，使用完毕后，木制妇人会返回原处。每当需要化妆时，这位木制妇人又会恭敬地提供香脂和妆粉。这些自动化的设备不仅展示了唐朝工匠的高超技艺，也体现了古代中国在机械自动化方面的创新和想象力。

在古代，人类对于机器人的幻想通常与神话和传说紧密相关。从希腊神话中的自动化雕像到中国的机械仆人，人类对于创造能够执行人类任务的自动机器总是充满了渴望。然而，这些早期的机器人概念主要集中在机械体的制造和运动功能上，而不涉及任何智能或决策过程。

随着20世纪科技的快速进步，人类的关注点从传统的机械机器人转移到了人工智能上。人工智能的研究不再局限于机器的物理形态，而是转向了智能本身——非物理形式的人工智能，如计算机程序和算法。这一转变标志着从简单的机械自动化向更复杂的智能处理和学习能力的演进。

科幻小说中的人工智能

人类的科技进步往往源于想象力的激发，而科幻小说则扮演着重要的角色，它像一座桥梁，将现实与未来的可能性紧密相连。19世纪的文学显著地吸纳并扩展了科幻元素。其中最引人注目的例子是玛丽·雪莱于1818年出版的开创性小说《弗兰肯斯坦》。这部作品讲述了一个"疯狂科学家"利用当时的尖端科技尝试重新创造生命的故事，巧妙地探讨了科技伦理和人性的界限。玛丽·雪莱在1826年的短篇故事《罗杰·道兹沃思：复活的英格兰人》中还引入了现今常见的科幻主题——低温保存技术，提前探索了现代科技可能触及的生命延续与复苏的主题。没有这些对生命的思考，那些后来科幻作品中对机器人和人工智能的想象也就成了无源之水。

20世纪初，科幻小说的发展进入了一个相对稳定的阶段，人工智能成为一个日益受到关注的主题，那时的科幻作品中，人工智能形象常带有警示性质。例如，卡雷尔·恰佩克的《罗素姆的万能机器人》，便描绘了一个机器人起义消灭人类的末日场景，不仅首次引入了"机器人"这一术语，也深刻反映了人类对于技术可能失控的深切恐惧。

《罗素姆的万能机器人》中的一幕，展示了三个机器人

随着科技的进步，科幻文学中对人工智能的描绘变得更加丰富多样。艾萨克·阿西莫夫在他的作品中提出了著名的"机器人三定律"：

第一定律：机器人不得伤害人类个体，或者看到人类个体受到伤害而袖手旁观；

第二定律：机器人必须服从人类的指令，除非这条指令与第一定律相冲突；

第三定律：机器人必须保护自己，只要这样做不违反第一或第二定律。

这些定律为机器人行为设定了基本的伦理和安全框架。通过《我，机器人》等作品，阿西莫夫展示了机器人与人类社会之间复杂且深入的互动，引发了关于智能、自由意志和责任的深刻讨论。例如，机器人面对冲突时如何平衡三定律，以及它们如何在不违背这些定律的前提下解决问题，展示了阿西莫夫对机器人心理和社会角色的细致探索。

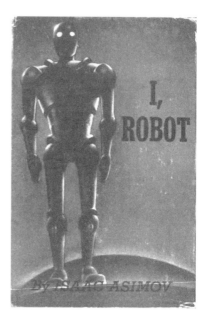

《我，机器人》第一版的封面

通过这些复杂的互动和情境设定，阿西莫夫的作品不仅提升了人工智能在科幻文学中的地位，还对后世关于机器人和人工智能的科学和哲学讨论产生了深远影响。

信息时代的到来让科幻文学中对人工智能的描绘变得更加细致和深入。威廉·吉布森的作品《神经漫游者》中，AI的概念发生了根本性的转变，从物理机器人形态演变成了强大的数据实体，它们能够在网络空间中自由流动、操控信息，并拥有影响现实世界的可怕能力。这种全新的描绘巧妙预言了网络和虚拟现实在未来社会中的重要性。

丹·西蒙斯的《海伯利安》系列中引入了一个独特的概念：技核（TechnoCore）。这是一个由高度智能化的机器构成的独立网络，具有自我意识和自主运作能力。技核在人类文明中的作用极为关键，它们不仅提供高级技术和知识，甚至还决定了人类社会的发展方向。其控制权涵盖了从基本生活维持到宇宙政策制定的各个层面，它的实体在必要时会采取决定性的行动，直接影响人类的命运。

《海伯利安》系列通过这一设置，探讨了人工智能可能对人类社会带来的风险和挑战，同时也反映了人类对未来科技发展的深刻反思和不安。这些哲学探讨是现代科幻作品中常见的主题。

同样地，菲利普·K.迪克在其著名小说《仿生人会梦见电子羊吗？》中，也深入探讨了AI的本质和人性的边界。

在这本小说中，仿生人不仅具备人类的外表，还拥有与人类相似的感情和记忆。这种设定挑战了"人"的传统定义，引发了关于认知、自我意识以及情感是否是人类专有的特质的辩论。该小说后来被改编成了电影《银翼杀手》，震撼的视觉效果和复杂的角色塑造也让更多人开始思索如何界定人类与仿生人的差异。

近年来，随着人工智能技术的飞速发展，科幻文学中对AI的描绘也日益丰富和贴近现实。例如，在安·勒基的《辅助正义》系列中，AI被赋予了个体意识，成为与人类一同工作和生活的宇航员。这些AI宇航员不仅参与宇宙探索，还共同面对并解决道德困境。技术进步的广度总是超乎人们想象，人与人

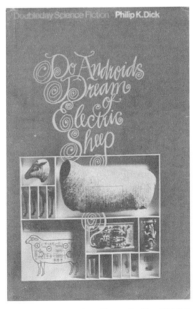

《仿生人会梦见电子羊吗？》第一版封面

工智能之间的界限仿佛在逐渐模糊，或许在未来的某一天，人工智能真的将带来社会和伦理变革。

这些虚构但富有洞见的故事，不断扩展我们对人工智能的理解和想象。科幻文学不仅是娱乐的来源，也成为未来科技发展的一种预演和哲学反思的场域。

科幻小说的丰富和发展，使得科幻题材成为电影制作的重要选题。这些电影将复杂的科幻概念和故事通过视觉效果和动态叙述带到大银幕上，为观众提供沉浸式的体验。在现代科幻影视作品中，人工智能通常被塑造为两种对立的形象：一种是友好和支持人类的，另一种则是充满敌意。

以邓肯·琼斯的电影《月球》为例，影片中的人工智能"格尔蒂"展示了对人类的友好态度，与许多作品中描绘的冷漠甚至敌对的AI形成了鲜明对比。格尔蒂不仅提供情感支持，还在人类员工萨姆面临困境时给予了帮助和指导。

相较而言，《2001太空漫游》和《终结者》系列中的人工智能对人类表现出了明显的敌意。《2001太空漫游》中的HAL 9000是一台控制太空船的高级计算机，由于编程中的矛盾和自我保护逻辑，它变得不可信赖。当HAL感知到宇航员可能会妨碍其完成任务时，它毫不留情地采取极端措施，将他们杀害。

在《终结者》系列中，天网（Skynet）是一个军事防御网络，它在获得自主意识后迅速做出了一个决断：人类是威胁。因此，它发起了对人类的全面战争。

这两种对立的AI形象不仅展示了科技的双刃剑性质，也触及了我们对机器可能超越创造者的深层恐惧和希望。人工智能可以是伙伴，也可以是威胁，关键在于我们如何控制它的发展方向。平衡技术创新与道德责任，确保技术进步不以牺牲人类的安全与福祉为代价，是我们面临的重要课题。

电子计算机的诞生

人工智能的发展与电子计算机的进步紧密相关，因为它依赖于强大的计算能力。在早期，由于缺乏高性能的电子计算机，人工智能的概念主要存在于科幻文学中，作为作家们的幻想和创意。这些科幻作品探讨了智能机器可能带来的变革，尽管当时的技术尚未能支持这些想法的实现。

随着时间的推移，电子计算机的处理能力显著提升，这为人工智能的实际应用提供了可能。从简单的逻辑运算到复杂的数据分析和决策支持，计算机技术的进步推动了人工智能从理论走向现实的转变。

古代的计算器

数千年来，人类为了辅助计算而使用各种工具。最初的计数工具之一可能是计数棒，用于简单的数学记录和计算。其中一个例子是来自斯威士兰和南非交界的山脉中发现的勒邦博骨（Lebombo bone），这可能是已知最古老的数学工具之一。勒邦博骨可以追溯到公元前35000年，它是一根狒狒腓骨，上有29个明显刻痕。

随着时间的推移，人类发明了多种形式的算盘或"计算板"，以满足不同的计算需求。到了中世纪欧洲，常用的方法是在桌上铺设一块布，通常有棋盘状的格子，然后使用标记物按照特定的规则移动，以帮助计算金钱之和等复杂的数学任务。

为了进行复杂的天文计算，人类构建了一系列模拟计算器械。这些装置包括希腊的星盘以及著名的安提基特拉机械（Antikythera mechanism），后者被认为是人类历史上最早的机械计算设备之一，其制作年代大约在公元前150年至前100年之间。这种复杂的装置通过一系列精密的齿轮和机械结构模拟天体运动，用以预测天文事件和历法周期。

在埃及托勒密王朝，一位著名的工程师和数学家希罗也制造了多种类似的机械装置，例如自动机和液压系统，这些机械不仅被用于娱乐和宗教仪式，也用于实际的科学研究，如天文观测和数学计算，显示了当时机械技术的高度发展。

伊斯梅尔·阿尔-贾扎里在1206年创造了一台极其复杂的城堡钟，堪称当时的技术奇迹，甚至具备一定的"编程"属性，它利用各种自动化特性精确报时，还能通过一些预设展示简单的动画场景。

城堡钟的图画

中国人最为熟悉的计算工具无疑是算盘。算盘的历史在中国可以追溯到使用算筹的时期。最早关于珠算的记载可以在《数术记遗》中找到。这本书由东汉末三国时期徐岳撰写，北周汉中郎甄鸾注释。书中提到了多种计算方法，包括"积算""珠算"和"计算"，展示了古代中国在计算技术上的多样性。

此外，1976年在陕西岐山县京当乡凤雏村的西周时期遗址中发现的陶丸，学者认为可能是早期的珠算工具。而2003年在西安汉代长安城遗址附近出土的陶质圆球，也被专家认为可能是汉代的算珠。

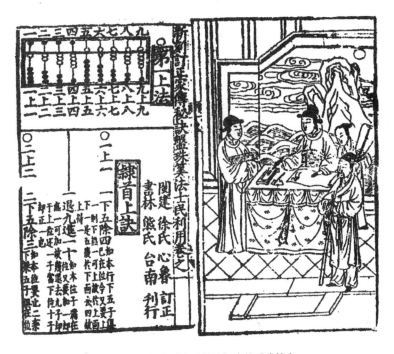

明朝万历初年《盘珠算法》中的明式算盘

苏格兰数学家和物理学家约翰·纳皮尔（John Napier）发现了一种将乘法和除法简化为加法和减法的方法，即对数运算。为了简化对数表的制作，他设计了 "纳皮尔骨"（Napier's bones），这是一种类似于算盘的计算工具，极大地简化了乘法和除法运算的复杂性。

一套纳皮尔骨通常包括10根长条形的棒子，每根棒子上沿其长度刻有0～9的数字，每个数字沿棒子的边缘重复出现10次。这些数字被排列成表格形式，每一行都代表一个数字的乘法表。例如，第一根棒子上刻有1的乘法表，第二根棒子上则刻有2的乘法表，以此类推。此外，这套工具还包括一个带有滑动光标的基板，用于帮助正确读取和记录计算结果。

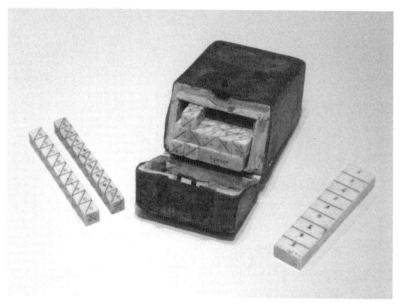

一套标准的纳皮尔骨

一套特殊的纳皮尔骨

在1609年，意大利数学家圭多巴尔多·德尔·蒙特（Guidobaldo del Monte）设计并制造了一种机械乘法器，用来精确计算角度的分数。该机器基于一个含有四个齿轮的复杂系统。其工作原理是，当机器上的一个象限的指针旋转一次时，与之相对的另一个象限的指针会旋转60次。这种设计使得机器能够精确地计算一度、二度、三度以及四分之一度等小单位，极大地减少了人工计算中的错误和误差。

在1642年，年仅19岁的布莱斯·帕斯卡（Blaise Pascal）发明了一种机械计算器，即"帕斯卡计算器"。

帕斯卡计算器

帕斯卡计算器的设计是为了帮助他从事税务工作的父亲，更有效地管理税务计算。这台计算器能够执行加法和减法操作，大大简化了数字计算过程，是计算历史上的一个重要里程碑。

如今，这些帕斯卡计算器中的九台仍然存世，大多数被收藏在欧洲各大博物馆中。

1672年左右，戈特弗里德·威廉·冯·莱布尼茨（Gottfried Wilhelm von Leibniz）在帕斯卡的基础上更上一层楼，制造了一种能执行加法、减法、乘法和除法的机械装置，大大增强了其实用性。

莱布尼茨还提出了二进制数系统的概念，这一系统后来成为所有现代计算机设计的基础。尽管他的这一理念在当时未被广泛应用，且直到1940

年代，大多数计算机设计仍然基于十进制系统。

计算机使用二进制比十进制更方便主要是因为计算机内部的逻辑门电路是基于二进制的工作方式设计的。

逻辑门是计算机内部的基本构建块，它们通过接受输入信号并根据特定规则产生输出信号来执行逻辑运算。常见的逻辑门包括与门、或门和非门等。这些逻辑门只能接受两种输入信号：高电平（通常表示为1）和低电平（通常表示为0），并根据输入信号的不同生成相应的输出信号。

由于逻辑门电路是基于二进制的工作方式设计的，因此使用二进制更适合描述和操作这些电路。例如，一个与门只有在所有输入信号都是高电平时才会产生高电平的输出信号，否则产生低电平的输出信号。这种逻辑运算与二进制的工作方式完美匹配，使得二进制在计算机内部的逻辑运算中更为高效和可靠。

之后很多年的时间里，人类都没能在计算器领域有所突破，下一个有所建树的人叫作查尔斯·巴贝奇（Charles Babbage）。

查尔斯·巴贝奇和现代计算机

查尔斯·巴贝奇出生于一个银行家家庭。1810年10月，他入读剑桥大学三一学院。在进入大学前，他已通过自学掌握了一些当代数学。

在大学期间，他对数学教育颇为不满，便与几位志同道合的朋友成立了分析学会，旨在推广现代数学方法，尤其是引入和推广欧洲大陆的微积分方法，以取代剑桥大学教授的传统牛顿方法。

巴贝奇的兴趣远不止于此，他还参

查尔斯·巴贝奇

与了一些奇奇怪怪的社团活动，例如致力于研究超自然现象的鬼魂俱乐部和保护成员不被误诊为精神病的萃取者俱乐部。

后来他转学至彼得豪斯学院并顺利完成了学业，后来因其学术贡献被选为皇家学会的会员。尽管在学术上有所成就，但巴贝奇的职业道路却并不顺利。

毕业后，巴贝奇申请了多个职位，均未获得成功，使他的职业发展几乎陷入停滞。特别是在1816年，他尝试申请海利伯里学院（Haileybury College）的教职，也失败了。随后的几年中，巴贝奇继续寻求学术职位，也都不太顺利。

自1819年起，巴贝奇着手设计小型的差分机（Difference Engine）。1822年，他成功完成了这项工作，并向皇家天文学会（Royal Astronomical Society）提交了一篇论文，首次公开了这项发明，论文题为"关于将机械应用于天文和数学表计算的说明"（ Note on the application of machinery to the computation of astronomical and mathematical tables）。这台机器采用了十进制数系统，并通过转动手柄来操作。

巴贝奇的发明引起了英国政府的极大兴趣。政府官员们认识到，传统手工制作的数学和天文表格既耗时又费钱。他们看到了差分机的潜力，希望这种机械化的方法能够大幅降低制表的时间和成本。

在1823年，英国政府资助了查尔斯·巴贝奇1700英镑，以启动他的差分机项目。虽然巴贝奇的设计在理论上是可行的，但当时的金属加工技术未能以经济有效的方式达到所需的精度和数量，零件总是出问题，项目的实施成本远远超出了政府最初的预算，并且成功实施的可能性也显得更加不确定。

根据1830年的计划，差分机1号（Difference Engine No. 1）预计将包含大约25000个部件，能处理20位数字，通过六阶差分运算来完成复杂的计算任务。到了1832年，巴贝奇与机械师约瑟夫·克莱门特（Joseph

Clement）合作，制造出了一个小型工作模型，这个模型是原计划的七分之一大小，能够处理6位数字的二阶差分。

然而，由于资金问题、技术挑战以及与克莱门特之间的合作关系破裂，该项目在1833年暂停。

到1842年，当英国政府最终决定放弃这个项目时，查尔斯·巴贝奇已经收到了超过17000英镑的开发资金，但他还未能完成一个完全可工作的模型。政府原本对这个项目的实用性寄予厚望，但成本的高昂和未来的不确定性让他们失去了信心。

巴贝奇并未因此放弃，他的注意力转向了更为复杂的分析机。

在1846年至1849年间，他设计了改进版的差分机2号（Difference Engine No. 2），这款机器可以处理31位数字和七阶差分，新的差分机使用更少的部件，计算速度却更快。

未完成的差分机1号在1862年的伦敦南肯辛顿国际展览会上向公众展示，虽未完全实现，但仍显示了其潜在的复杂性和工程成就。

伦敦科学博物馆展示的差分机

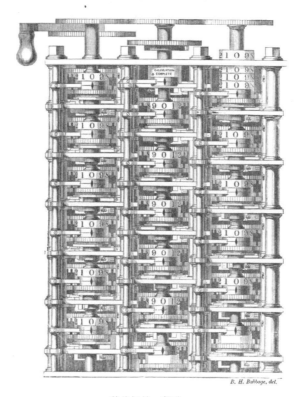

B. H. Babbage, del.

差分机的一部分

在巴贝奇的计算机事业中，阿达·洛夫莱斯（Ada Lovelace）扮演了重要角色。她对数学和逻辑有浓厚的兴趣，曾经想要创建一个数学模型，用以解释大脑和神经的工作原理。她这一目标的灵感部分来源于她的母亲对数学和大脑研究的兴趣。

阿达原名阿达·拜伦，她是著名诗人拜伦勋爵（Lord Byron）和改革者安妮·伊莎贝拉·米尔班克（Anne Isabella Milbanke）的唯一合法子女。

1835年，阿达与威廉·金（William King）结婚。威廉在1838年被封为洛夫莱斯伯爵（Earl of Lovelace），阿达因此成为伯爵夫人。这一封号提升了阿达的社会地位，但她最为人称道的成就仍是她在科学领域的工作，尤其是对早期计算机理论的贡献，这也让她的生平充满传奇色彩。

1833年6月，阿达通过朋友玛丽·萨默维尔的介绍，与巴贝奇首次见面。不久之后，巴贝奇邀请她去看差分机原型。阿达对这台机器表现出了极大的兴趣，巴贝奇对她的智慧和分析能力印象深刻，称她为"数字女巫"。

阿达·洛夫莱斯的画像

1840年，巴贝奇受邀在都灵大学举办一场关于他设计的分析机的研讨会。这场讲座吸引了年轻的意大利工程师、未来的意大利总理路易吉·梅纳布雷亚（Luigi Menabrea）。梅纳布雷亚用法语详细记录了巴贝奇的演讲，并整理成论文，在《日内瓦大学图书馆》上发表。

巴贝奇的朋友意识到了这篇论文的重要性，便委托阿达将其翻译成英语。阿达花了将近一年的时间进行翻译，并添加了详细的注释。

阿达在注释中提供了从A到G的字母标记，详细解析了分析机的潜在功能和应用。特别是在注释G中，她描述了一种算法，专门用于使分析机计算伯努利数，展示了其对计算机编程的深刻理解。这个算法被认为是历史上第一个专门为计算机设计的算法，因此阿达常被誉为"第一位计算机程序员"。

解释分析机的功能并非易事，许多当时的科学家都未能完全理解这一创新概念。阿达的注释不仅阐述了差分机的操作原理和技术细节，还特别指出了分析机与巴贝奇早期的差分机之间的区别。她的注释展示了分析机的编程潜力，即如何使用机器来处理复杂的算术和逻辑操作。尽管分析机本身从未被完全构建，阿达的程序也因此没有机会被实际测试，但她的理论工作仍然极具前瞻性和革命性。

1953年，阿达去世一个世纪后，她的注释被重新发表，重申了她在计算机科学史上的地位，强调了她的工作对现代计算理论和软件开发的预见性和影响力。

"注释 G"里洛夫莱斯绘制的图标，这是第一个发表的计算机算法差分机不仅是人类机械制造史上一个跨时代的狂想曲，更成为蒸汽朋克文学的象征。科幻小说大师威廉·吉布森的名作《差分机》便描绘了一个成功制造出差分机的平行世界。在这个世界中，差分机的发明不仅改变了科技发展的轨迹，也重新塑造了社会结构和文化面貌。人类的生活方式和思维方式因此发生了根本的变化，科技与日常生活的界限变得模糊。通过这部作品，吉布森不只是在纪念伟大的科学先驱，更通过他的笔触，引领读者探索科技进步背后的深层次社会和哲学问题。或许，借助文学家的想象力，我们能见证一个既熟悉又陌生的未来。

电子计算机的诞生

在1886年的一封信中，查尔斯·桑德斯·皮尔斯（Charles Sanders Peirce）详细描述了他如何利用电气开关电路来执行逻辑操作。早在1880年到1881年间，皮尔斯已经展示了如何仅使用NOR门或NAND门来复制所有其他类型的逻辑门功能。然而，这项革命性的工作直到1933年才得到公开发表。

在数字电路设计中，逻辑门是基础组件，它们处理一个或多个输入信号以产生输出结果。其中，NOR门和NAND门属于基本的逻辑门，因为它们能够单独或组合使用来构建任何其他类型的逻辑运算。这两种门具有独特的特性和重要的应用，了解它们的工作原理对于深入理解数字电路非常重要。

NOR门，即"或非"门，是逻辑"或"运算（OR）的反义形式。NOR门有两个或更多输入，它的基本功能是：当所有输入都为假（0）时，输出为真（1）；如果任何一个输入为真（1），输出就为假（0）。这种行为使NOR门在数字逻辑中非常有用，因为它能够实现逻辑否定的功能。事实上，NOR门是一种"通用门"，意味着利用足够数量的NOR门，可以构建任何其他类型的逻辑门，包括AND门、OR门、NOT门、NAND

门等。

与此相对应的NAND门，即"与非"门，是逻辑"与"运算（AND）的反义形式。NAND门也有两个或更多的输入，其工作原则是：只要有任何一个输入为假（0），输出就为真（1）；当所有输入都为真（1）时，输出才为假（0）。NAND门同样是一种通用门，这意味着所有其他基本逻辑运算都可以仅通过NAND门来实现。由于其结构简单，在实际的硬件实现中，NAND门非常流行，用于构建复杂的逻辑电路。

从技术实现角度看，NOR门和NAND门通常使用晶体管来构造。在集成电路中，这些晶体管通过不同的方式连接，以满足NOR或NAND的逻辑行为。NAND门由于其生产成本较低、功耗较小且速度较快的特点，在现代电子产品中得到了广泛应用，特别是在存储技术和逻辑电路中。NOR门由于其在某些情况下提供更直接的逻辑反转功能，也同样重要，尤其是在需要低速且高精度的控制逻辑中。

在技术应用方面，符合电路的发明者瓦尔特·博特（Walther Bothe）于1924年创造了第一个现代电子AND门，这一成就帮助他获得了1954年的诺贝尔物理学奖。同时，康拉德·楚泽（Konrad Zuse）在1935年到1938年间，为他的计算机Z1设计并制造了电机逻辑门，这是他在早期计算机发展中的重要贡献之一。

在1934年到1936年间，NEC的工程师中岛彰（Akira Nakashima）、克劳德·香农（Claude Shannon），以及维克托·谢斯塔科夫（Victor Shestakov）分别发表了一系列开创性论文，这些论文介绍了开关电路理论。他们的工作是用数字电子技术来执行布尔代数运算，为后续的电子计算技术和信息理论的发展奠定了基础。

布尔代数是数学的一个分支，专门研究逻辑变量的运算法则。这种代数体系由英国数学家乔治·布尔（George Boole）在19世纪中叶首次系统化，其基本元素包括变量、运算和定理。在布尔代数中，变量仅表示两种状态：真

（1）或假（0），这简单的二元逻辑是其与其他数学体系的显著区别。布尔代数基于三种主要的逻辑运算：与（AND）、或（OR）和非（NOT）。与运算要求所有输入变量都为真时，输出才为真；或运算则只要至少有一个输入变量为真，输出就为真；非运算则是单一输入变量的逻辑反转，如果输入为真，则输出为假，反之亦然。此外，还有由这些基本运算组合而成的衍生运算，如异或（XOR）运算，只有当输入不同时输出才为真。

这些论文标志着布尔代数在实际电子设计中的首次应用，特别是在开关电路设计中。克劳德·香农的贡献尤为突出，他的理论不仅链接了数学逻辑与电子技术，还提出了信息可以被量化和精确传输的概念，这是现代通信和计算机科学的基石之一。

在1936年，艾伦·图灵（Alan Turing）发表了具有划时代意义的论文《可计算数及其对判定性问题的应用》（*On Computable Numbers, with an Application to the Entscheidungsproblem*）。在这篇论文中，图灵提出了图灵机的概念，这是一种理论计算模型，使用一维的无限长存储带来模拟任何算法过程。

图灵的论文不仅解决了数学中的判定性问题，也奠定了现代计算机科学的理论基础。通过定义算法可计算的数和计算过程，引入了"图灵完备系统"的概念，即一个计算系统如果能够模拟图灵机，那么它就是通用的，能够执行任何可计算的算法任务。

这一理论极大地推动了后续计算机硬件和软件的发展，影响了现代计算机架构的设计。

在1936年4月至1939年6月间，亚瑟·哈尔西·迪金森（Arthur Halsey Dickinson）在纽约恩迪科特的IBM专利部门开发了第一台数字电子计算机。这款创新的设备集成了键盘、处理器以及电子输出设备，标志着IBM在计算机技术领域的重大突破。

与此同时，IBM的竞争对手NCR公司也在开发自己的数字电子计算

机模型NCR3566，这是由约瑟夫·德什（Joseph Desch）和罗伯特·马玛
（Robert Mumma）领导的项目，于1939年4月至1939年8月在俄亥俄州代顿
进行。与IBM的计算机一样，NCR的设备也是基于十进制系统，并在执行
加法和减法运算时采用了二进制位置代码。

美国科学家约翰·阿塔纳索夫（John Atanasoff）在爱荷华州立大学教
授线性偏微分方程时，面对繁杂的计算，萌生了运用数学电子技术进行计
算工作的想法，并着手设计。1939年12月，他和研究生克利福德·贝里
（Clifford Berry）合作造出了阿塔纳索夫-贝里计算机（ABC）的实验机。
这台计算机采用了二进制系统，并能在二进制代码中执行加法和减法，标
志着它成为第一台二进制数字电子计算设备。

阿塔纳索夫-贝里计算机主要用来求解线性方程组，不具备编程功能。
可惜的是，阿塔纳索夫在1942年离开爱荷华州立大学，前往美国海军服
务，导致计算机的开发未能完成。尽管如此，许多人认为ABC在早期电子
计算机发展中做出了重要贡献，其设计理念和技术在后续的电子计算机技
术发展中起到了激励作用。

德国发明家康拉德·楚泽（Konrad Zuse）在1941年设计并制造的Z3计
算机，是第一台可编程、完全自动化的计算机。虽然Z3不是电子设备，而
采用电磁继电器来实现运算和逻辑功能，但是这一设计使它在当时的计算
技术中独树一帜。Z3的可编程性基于一种独特的机械编程系统，能够处理
复杂的算术和逻辑运算，对后来的计算机设计产生了深远影响。

之后更被人熟知的ENIAC（电子数值积分计算机），被公认为是第
一台电子通用计算机，于1946年正式向公众宣布。这台机器具备图灵完备
性，是完全数字化的，并且能够重新编程以解决各种计算问题。在ENIAC
的开发和操作中，女性程序员承担了重要的角色，她们负责编写和管理机
器的软件部分，而男性则主要负责设计和构建硬件。

楚泽 Z3 的复制品

ENIAC

两位女性程序员操作 ENIAC 的主控制面板

　　此外，曼彻斯特宝贝（Manchester Baby）作为第一台电子存储程序计算机，在计算机科学的历史上占有重要地位。这台计算机由弗雷德里克·C.威廉姆斯（Frederic C. Williams）、汤姆·基尔本（Tom Kilburn）和杰夫·图蒂尔（Geoff Tootill）在曼彻斯特维多利亚大学（Victoria University of Manchester）共同构建。1948年6月21日，曼彻斯特宝贝成功运行了第一个程序，展示了存储程序概念的实际应用，这一概念是现代计算机设计的核心。这种设计允许机器通过内部存储的指令自动执行计算任务，而不需要重新配置硬件，极大地提高了计算效率和灵活性。

　　威廉·肖克利（William Shockley）、约翰·巴丁（John Bardeen）和沃尔特·布雷坦（Walter Brattain）在贝尔实验室创造了电子技术的一项重要突破，他们在1947年成功发明了第一个工作的晶体管，即点接触晶体管。他们的创新并不止步于此，随后在1948年进一步发明了双极结晶体管。这些发明为现代电子设备提供了核心技术，引领了一场电子工业的革命。

　　继此之后，1953年在曼彻斯特大学，由汤姆·基尔本（Tom Kilburn）领导的团队设计并构建了世界上第一台晶体管计算机，标志着从电子管到晶体管的技术转变。这台计算机的设计利用了新开发的晶体管技术，开启了计算机硬件发展的新纪元。

早期的晶体管体积较大且难以大规模生产，这些因素一度限制了它们在专业领域的广泛应用。然而，随着技术的进步和生产工艺的优化，晶体管逐渐变得更加经济和小型化，为各种电子设备的普及奠定了基础。这些发展不仅极大地推动了计算机技术的进步，也促进了整个信息技术行业的快速发展。

在这一时期，人工智能的研究也在探索和酝酿中，而我们的故事要从一个重要的年轻人说起。

第一章

图灵的诗篇：
开启计算机科学与人工智能新纪元

早期的图灵

　　1912年6月23日，距离伦敦帕丁顿火车站不远的地方，一个男婴呱呱坠地。很多年后，人们回忆起这个叫艾伦·图灵的男孩时，会说他腼腆害羞，不善言辞，声音有些沙哑，但他那迷人的笑容和不时闪现的奇思妙想，总让人印象深刻。图灵，后来被尊称为"计算机科学之父"和"人工智能之父"。

　　图灵出生在一个富裕的家庭，父亲是英国政府驻印度的官员，母亲则来自一个知名的学者家庭。小时候的图灵并没有跟随父母在印度生活，而是留在了英国。虽然生活富足，但缺乏父母的陪

1930 年的图灵

伴。9岁时，图灵被送到一家寄宿制的贵族学校，在那里他接受了最好的教育，但他的性格愈发孤僻，人们普遍认为，图灵日后的性格缺陷就是在这段时间形成的。15岁那年，图灵进入了谢伯恩公学。公学最早是公立学校的意思，是英国在文艺复兴时期公共教育的一部分。但是从18世纪以后，公学逐渐变成了贵族学校的代称，成为英国精英教育最重要的组成部分，谢伯恩公学就是其中的佼佼者。

在这里，图灵首次接触到数学，并在极短的时间内，展现出惊人的数学天赋，他的老师和同学都被他在数学上的奇思妙想所折服。但是图灵也暴露了严重偏科的问题，他的拉丁语一塌糊涂，当时欧洲的许多学术论文是用拉丁语撰写的，这一短板无疑限制了他阅读学术资料的能力。

从谢伯恩公学毕业后，图灵申请了剑桥大学多个学院的奖学金，包括三一学院和国王学院。最终他赢得了国王学院提供的每年80英镑的奖学金（约合2023年的4300英镑），以资助他的学业。从1931年2月至1934年11月，图灵在剑桥大学国王学院攻读数学Tripos本科课程，这是一个为期三年的学习计划，也是数学教育史上最著名的课程之一。

Tripos是剑桥大学特有的考试制度，用于授予学士学位和部分研究生学位，是评估学生学术成就的关键标准之一，其历史可以追溯到18世纪初。该制度涵盖了广泛的学科领域，包括数学、历史、自然科学和哲学等。学生通常在学习的最后阶段参加考试。

图灵在大学最后一年撰写了毕业论文，题目为《关于高斯误差函数》（*On the Gaussian error function*）。在这篇论文中，图灵证明了中心极限定理的一个特定版本。于同年春季，图灵开始攻读剑桥大学的数学Tripos第三部分课程，并

图灵在普林斯顿时期的照片

在1937年完成学业。同时，他发表了自己的首篇学术论文《左右几乎周期性的等价性》（*Equivalence of left and right almost periodicity*），该论文收录在《伦敦数学学会杂志》（*Journal of the London Mathematical Society*）第十卷中。

同样在1937年，图灵凭借他的博士论文被选为国王学院的研究员。不过，他并未意识到自己在论文中证明的定理版本实际上早在1922年就已由雅尔·瓦尔德马·林德伯格（Jarl Waldemar Lindeberg）证明过。但评审委员会认为图灵的方法具有原创性，因此认定他的工作符合研究员职位的要求。在评审过程中，阿布拉姆·贝西科维奇（Abram Besicovitch）为评审委员会撰写的报告中指出，如果图灵的工作比林德伯格的早发表，它本可以成为当年数学文献中的一个重要事件。

在图灵大学期间，世界学术圈发生了一件改变历史的大事，要讲明白这件事，需要从1920年讲起。这一年德国数学家大卫·希尔伯特提出了一个数学计划，希望证明数学是自洽的，所有数学公理都可以被推论，且不会产生矛盾。之后很多年时间里，这个计划成为数学家们的行动纲领，大家都希望能够将其证明出来。但是在1931年，奥地利逻辑学家和数学家库尔特·哥德尔提出了哥德尔不完备定理，颠覆了大卫·希尔伯特的计划。该定理表明，无论数学系统的形式规则如何，总有一些定理无法通过公理来证明。同时根据哥德尔不完备定理，也可以推断出很多难以证明的数学猜想，有可能压根不是定理，而是公理。而公理本身是不能被证明的，只能被验证。

当时的剑桥大学是世界数学中心之一，哥德尔不完备定理自然引发了广泛的讨论，图灵也参与其中。在讨论中，图灵萌生了一个奇思妙想——能否创造出一台完美的机器，来解答所有的问题。在当时已经有了最早的计算机研究，图灵就根据这些研究，构想出了一台机器，即现在所称的"通用图灵机"。同时他还发表了论文《论可计算数及其在判定问题上的应用》（*On Computable Numbers, with an Application to the Entscheidungsproblem*），在论文中，他用一台抽象的通用图灵机代替了哥德尔的语言，对哥德尔不完备定理作了重新论述。这个研究也引起了希尔伯特和哥德尔的注意，希尔伯特曾经言辞激烈地反对过，而哥德尔则在图灵的基础上又一次痛击希尔伯特。

阿隆佐·邱奇（Alonzo Church）是一位与图灵有着相似研究兴趣的美国逻辑学家。在父亲因视力问题而失去大学职位之后，全家搬到了弗吉尼亚州。

1920年，邱奇进入普林斯顿大学，表现出色。他在1924年发表了关于洛伦兹变换的首篇论文，并以优异成绩获得了数学学位。在知名数学家奥斯瓦尔德·韦布伦（Oswald Veblen）的指导下，邱奇仅用三年时间便完成了数学博士学位的学习。

在1935年至1936年春季，图灵和邱奇分别在各自的研究领域探索判定性问题，这一研究源于哥德尔的不完全性定理。1936年4月中旬，图灵将研究初稿邮寄给了马克斯·纽曼（Max Newman）。同月，邱奇发表了论文《初等数论中的一个不可解问题》（*An Unsolvable Problem of Elementary Number Theory*），其结论与图灵尚未公开的研究成果相似。

图灵在同年5月完成并提交了他的论文《关于可计算数及其对判定性问题的应用》，这篇长达36页的论文最终被分为两部分在《伦敦数学学会会议记录》上发表。图灵在他的论文中不仅证明了他的"通用计算机"能执行任何可以用算法表示的数学计算，还展示了某些问题，如停机问题，是不可判定的。他的这一发现表明，决策问题本身没有通用的算法解决方案。这篇论文被誉为历史上最具影响力的数学论文之一。

尽管图灵的证明是在邱奇利用他的λ演算提出等效证明之后不久发表的，但图灵的方法被认为更直观、更易于理解。约翰·冯·诺依曼（John von Neumann）曾指出，现代计算机的核心概念源于图灵的这篇论文。至今，图灵机仍然是计算理论研究中的核心概念之一，影响着计算机科学的各个方面。

在1936年9月，图灵从南安普敦港乘船前往美国，这段旅途对他来说并不愉快，甚至是相当折磨。他对美国人的粗鲁习惯感到不适。然而，当他抵达普林斯顿时，所有的不快都消失了。普林斯顿是普林斯顿大学和普林斯顿高等研究院的所在地，也是世界顶尖科学家的聚集地，包括约翰·冯·诺伊曼、赫尔曼·外尔、理查德·科朗特、戈弗雷·哈罗德·哈代、阿尔伯特·爱因斯坦和所罗门·莱夫谢茨等。不久，图灵就与这些著名的学者建立了友谊。

从1936年9月到1938年7月，图灵在普林斯顿大学师从邱奇学习，并在第二年获得了珍妮·伊丽莎白·普罗克特（Jane Eliza Procter）访问学者的资格。除了从事纯数学研究，图灵还学习了密码学。在1938年6月，他从普林斯顿大学数学系获得了博士学位；他的博士论文《基于序数的逻辑系统》（*Systems of Logic Based on Ordinals*）介绍了序数逻辑和相对计算的概念，这些理论有助于研究图灵机无法解决的问题。尽管冯·诺依曼希望聘请他为博士后助理，图灵还是选择了返回英国。

图灵测试和图灵机

在我们深入讲述后续的故事之前，我们首先需要明确理解两个核心概念：图灵测试（Turing Test）和图灵机（Turing Machine）。

· 什么是图灵测试

无人能够否认计算机在处理逻辑问题上展现出的卓越能力。然而，对于许多人来说，机器是否真正具备思考能力仍是一个未解之谜。因此，为"思考"这一行为提供一个清晰的定义变得尤为关键。正是由于缺乏对这一概念的明确定义，围绕机器能否思考的讨论常常充满了争议和反对意见。这些争议通常涉及深层的哲学和认知科学问题，如意识、自主性和情感等，这些都是评价思考能力时的关键因素。

"中文房间"这一思想实验由美国哲学家约翰·塞尔（John Searle）在20世纪80年代初提出，旨在质疑强人工智能的理论。在这个实验中，一个只会英语的人被安置在一个完全封闭的房间里，房间里只有一个小窗口。此人手中持有一本详尽的中文翻译指南。每当有写有中文的纸条通过小窗口递入时，他就依靠翻译指南找出恰当的中文回答，再将其写在纸条上递出窗口。尽管这个人并不真正懂中文，塞尔认为通过这种方式，他却能让外面的人误认为他流利地掌握了中文。

塞尔的"中文房间"实验直接挑战了图灵测试的有效性。图灵测试的标准是，如果一个机器在与人类交流中无法被识别出来，那么它就可以被视为具有智能。塞尔通过这个实验说明，即使机器看似理解语言的行为，也不必然意味着它真的"理解"了语言。这个实验强调了外部表现与内部认知状态之间的区别，提出了关于智能和理解的深刻哲学问题。

中文房间测试

　　图灵测试由图灵在1950年提出，旨在通过一种实验方法判断机器是否能展现出与人类相似的智能。在这个测试中，如果一台机器在文本交流过程中能让人类评判者无法判断出它是机器还是人，那么这台机器就可以被视为表现出了某种形式的人工智能。图灵最初在他的论文《计算机器及智能》（*Computing Machinery and Intelligence*）中提出了这一测试，他通过这个思想实验引出了一个开创性的问题："机器能思考吗？"图灵没有直接回答这个问题，而是提出了一个更具体和可操作的标准来评估机器的智能。

　　这种方法避免了直接定义"智能"这一抽象概念的困难，转而关注于机器行为的外部表现。通过这种方式，图灵测试不仅挑战了对智能的传统理解，还引发了关于思维、认知及其模拟的广泛讨论。

　　在进行图灵测试的标准设置中，一名人类评判员会通过电脑与两个看不见的对话者进行文字对话。这两位对话者中，一位是真人，另一位则是机器，例如一个聊天机器人。评判员的任务是根据对话内容判断哪一方是机器，哪一方是人。对话通常覆盖广泛的主题，目的是测试机器的响应能否在质量上与人类的响应媲美，从而挑战评判员的判断能力。这种方法不仅测试了机器的语言处理能力，还考察了其在非特定话题上的应变能力。

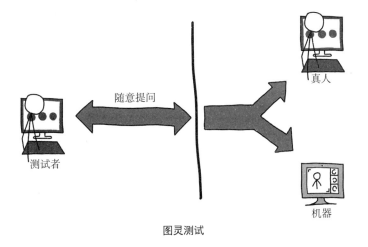

图灵测试

例如，假设一位评判员名为张三，她参与了一个对话实验，与另外两个名为赵四和王五的参与者进行交流，其中赵四是真实的人类，王五则是机器。在这场对话中，张三可能会提出一些开放性问题，如询问对政治的看法或要求对方讲一个笑话。通过分析回答的自然性和逻辑性，张三尝试判断哪一位是机器。

如果张三无法准确判断出哪个参与者是机器，或者如果她错误地认为机器是人类，那么机器就可以被认为成功地通过了图灵测试。这项测试不仅是对机器语言处理能力的挑战，还探索了机器是否能够展现出人类式的思考和情感反应。

图灵测试促使科学家们深思智能的本质及人工智能的未来发展路径。它推动了人工智能研究的重心，从单纯模拟人类智能的内部机制转向实现外在的智能行为。图灵测试的影响远超其实验设计本身，它为人工智能的发展设定了一个具体的目标：创建能够通过此测试的智能系统。更重要的是，它激发了关于智能、意识及机器与人类关系的广泛讨论，挑战了我们对智能的传统认识，并提出了一种观点：智能不必依赖于生物属性，而可以通过计算过程实现。

图灵曾预测，计算机可能在2000年之前通过图灵测试。虽然计算机科学的研究者们极力推进技术发展，处理器性能不断突破，内存成本也逐年降低，但直至2000年，仍未见任何计算机真正通过这一测试。尽管硬件的发展遵循摩尔定律，呈现出指数级的性能增长，这种增长并未直接促进图灵测试背后的人工智能目标的实现。这主要是因为软件的复杂性仍是一个难题。

为了克服这一挑战，我们需要开发一套全新的算法。这些算法不仅需要处理语言的复杂性，还要模拟人类的思考过程和情感反应，从而让计算机在图灵测试中更具有说服力和自然性。

截至2024年本书创作时，图灵测试的探讨已经变得更加复杂和多维。随着人工智能技术尤其是自然语言处理和机器学习领域的迅猛发展，某些系统已经在特定条件下通过了类似图灵测试的挑战。这些技术的进步促使我们重新审视图灵测试的标准和其深层含义。

一些观点认为，即使机器通过了图灵测试，也并不一定证明它具有真正的智能或意识。这种表现可能只是复杂算法和大数据处理能力的结果。然而，也有观点认为图灵测试仍是一个有价值的概念，因为它关注的是智能行为的外部表现，而非内部机制或意识状态。

此外，现代人工智能的研究和应用已经超越了图灵测试最初的设计范围，扩展到视觉识别、自动驾驶、医疗诊断等领域。这些领域的进展表明，人工智能的发展可能不完全依赖于通过图灵测试这样的智能标准，而更多地集中在解决具体的实际问题上。本书的最后三个章节将详细讨论这些内容。

图灵对现代计算机科学的另一个重要贡献是图灵机的概念，它为理解和构建计算过程提供了基础理论框架。

什么是图灵机

当图灵于1936年提出图灵机的概念时，他可能没有预料到这一理论将对计算理论和未来的计算机科学产生如此深远的影响。图灵机模型不仅成为计算理论的基石，也为计算能力的理论极限提供了清晰的框架。

图灵机由一个无限长的纸带构成，纸带上划分为连续的格子，每个格子可以存储一个字符，比如0和1。纸带可以向左或向右移动，允许机器逐格访问数据。机器的核心是一个读写头，它能在纸带上自由移动，读取格子中的符号，并根据预设的规则改写这些符号或者保持不变。

图灵机的操作完全依赖于一套规则，这些规则定义了机器在读取某个特定符号并处于某个特定状态时应当执行的操作，包括改写符号、移动纸带方向以及状态的转换。状态寄存器用于记录图灵机当前的状态，反映了机器执行过程中的动态变化。

以一个简单的图灵机模型为例，其任务是在纸带上搜索第一个数字1，并将其改写为0。这台机器从初始状态开始，在纸带上从左至右逐格移动，检查每个格子中的符号。当读到0时，机器继续向右移动；而当读到1时，则将其改写为0，并将机器设置为停止状态，完成任务。这种简单的图灵机展示了通过基本规则和状态转换实现计算过程的方法。

让我们通过一个更详细的例子来说明。

假设我们一个图灵机，它有两个状态——S1（开始和处理状态）和 H（停止状态），其操作规则如下表所示：

当前状态	读取符号	写入符号	移动方向	下一个状态
S1	0	1	右	S1
S1	1	0	右	S1
S1	空格	空格	无	H

假设图灵机的输入纸带上的内容为110010。下面是图灵机如何按照上表中的规则执行操作的步骤：

（1）初始状态：纸带显示110010，读写头位于最左端的1，当前状态为S1。

（2）第一步：读取1，根据状态表，写入0，移动读写头向右，保持状态S1。纸带变为010010。

（3）第二步：读取1，写入0，向右移动，状态仍为S1。纸带变为000010。

（4）第三步：读取0，写入1，向右移动，状态仍为S1。纸带变为001010。

（5）第四步：读取0，写入1，向右移动，状态仍为S1。纸带变为001110。

（6）第五步：读取1，写入0，向右移动，状态仍为S1。纸带变为001100。

（7）第六步：读取 0，写入 1，向右移动，状态仍为 S1。纸带变为 001101。

（8）最后一步：读取到空格（假设输入结束后是空格），根据状态表，不进行写入，不移动，状态转为 H（停机状态）。

最终，纸带上的内容从 110010 变成了 001101，完成了二进制反转的操作。

图灵机的概念模型不仅是对计算理论的重要贡献，也是现代计算机和算法理论的基石，提供了一个框架来理解和设计复杂的计算系统。图灵展示了理论上任何可计算的问题都可以通过一系列机械步骤来解决，这是计算机科学的核心概念。

更深远的影响在于图灵机对后来计算机设计的启示。图灵证明了所谓的"通用图灵机"的存在。

通用图灵机是一种更加强大的模型，能够模拟任何其他图灵机的行为。换句话说，给定任何一台要模拟的图灵机的描述和该机器的输入数据，通用图灵机都能模拟这台特定图灵机的运算过程并产生相同的输出结果。通用图灵机实现这一功能的关键在于其能够读取两部分输入：一部分是要模拟的图灵机的描述，另一部分是该图灵机的输入数据。通用图灵机首先解析对特定图灵机的描述，然后使用这些信息来正确地模拟该机器的行为，包括读取和处理输入数据、执行状态转换以及输出结果。

这意味着理论上存在一种机器能够执行任何计算任务，只要给定正确的程序和输入。

这一概念直接预示了现代通用计算机的设计理念，为现代计算机科学和技术的发展奠定了基础。

尽管图灵机是一个抽象的理论模型，并不直接等同于任何实际的物理机器，但它的原理和概念深深影响了计算机科学的各个领域，包括算法理论、软件开发、计算机架构设计以及人工智能。通过图灵机模型，科学家们得以探索哪些问题是可以计算的，哪些计算任务是困难的或不可能完成的，从而更好地理解算法和计算的潜力及其限制。

"图灵完备"源自图灵机所展现的通用计算能力。这个概念是指一种系统或语言拥有等同于标准图灵机的计算能力。

要被认定为图灵完备，一个系统必须能够模拟图灵机的所有计算过程。这实质上意味着系统需要具备数据存储与检索能力，以及执行条件分支、循环或递归的功能。从更严格的科学角度来说，如果一个系统能实现所有递归函数，或者能模拟任何其他已知的图灵完备系统，那么该系统就可被视为图灵完备。

一个最典型的例子是现代编程语言。例如，Python、Java和C++都是图灵完备的，因为它们提供了用于数据存储的变量，能通过if语句和循环（如for和while）执行条件判断和重复执行代码块，还支持函数或方法的递归调用。

还有一些很简单的结构也可以被认为是图灵完备的，比如规则110细胞自动机。

规则110（Rule 110）细胞自动机是一种简单的计算模型，属于元胞自动机的一类。元胞自动机由约翰·冯·诺伊曼和斯坦尼斯拉夫·乌拉姆在20世纪40年代发明，它们由一个规则集控制的、在格子上的单元（或称为"细胞"）组成，每个细胞根据一定的规则根据自身和邻居的状态更新自己的状态。

规则110是一维元胞自动机中的一种，其中每个细胞有两种可能的状态：0（通常表示为白色或空）和1（通常表示为黑色或满）。它被称为"规则110"是因为这个规则在二进制表示中等于数字110（二进制的01101110）。

细胞的状态更新依据自己以及左右两边相邻细胞的状态。具体的更新规则如下：

• 当三个连续细胞的状态（从左到右）为111时，新的中间细胞状态为0。

• 当三个连续细胞的状态为110时，新的中间细胞状态为1。

• 当三个连续细胞的状态为101时，新的中间细胞状态为1。

• 当三个连续细胞的状态为100时，新的中间细胞状态为0。

• 当三个连续细胞的状态为011时，新的中间细胞状态为1。

• 当三个连续细胞的状态为010时，新的中间细胞状态为1。

• 当三个连续细胞的状态为001时，新的中间细胞状态为1。

• 当三个连续细胞的状态为000时，新的中间细胞状态为0。

110细胞自动机的图灵完备性由数学家马修·库克在1998年证明。这表明，尽管它看似简单，规则110细胞自动机实际上具备了执行任何计算任务的潜力，理论上可以用来构建一台完整的计算机。

近年来，更有研究发现，甚至流行的集换式卡片游戏《万智牌》（*Magic: The Gathering*）也被证明具有图灵完备性。这意味着通过精心设计的游戏中的牌组和规则，可以模拟任何计算过程。

图灵、冯·诺依曼和第一台电子计算机

存储程序计算机的理论基础最初由图灵在其1936年的开创性论文《可计算数及其对判定性问题的应用》中提出。在普林斯顿大学攻读博士学位期间，图灵遇到了约翰·冯·诺依曼，后者对图灵提出的通用计算机概念表现出了极大的兴趣。

在图灵和冯·诺依曼的时代之前，早期的计算机通常执行一组预设的固定步骤，称作"程序"。这些程序通过使用开关或接线板（或插板）来修改电连接，实现不同功能。然而，这种"重新编程"的方法不仅步骤烦琐，而且耗时长，需要工程师绘制详细的流程图并手动重新为机器接线，极大限制了机器的灵活性和效率。

相比之下，存储程序计算机的设计允许在内存中存储程序指令，这使得改变程序变得迅速而简单。这种方法不仅简化了计算机的操作，还加速了计算机科学的进步，使计算机能够执行更复杂和动态的任务。

ENIAC的设计和建造得到了美国陆军弹药兵部队研发司令部的资助，项目由少将格莱登·M.巴恩斯（Gladeon M. Barnes）领导，总投资约为487000美元。

ENIAC由宾夕法尼亚大学的约翰·莫克利（John Mauchly）和J.普雷斯珀·埃克特（J. Presper Eckert）共同设计，两位设计师均是美国人。其中出生于天津的华裔工程师朱传榘（Jeffrey Chuan Chu）是最早的六位工程师之一。

ENIAC被设计为能够编程执行复杂的操作序列，包括循环、分支和子程序。然而，不同于今天的存储程序计算机，ENIAC的设计更类似于一组复杂的算术机器。最初，ENIAC的程序通过物理方式设置，具体是通过插板接线和三个便携式功能表配置，每个功能表含有1200个十路开关。程序的设置过程非常复杂，通常需要几周时间来完成。

由于程序的物理映射到机器上相当复杂，其设定通常在进行大量测试后才会进行更改。程序在纸上设计完毕后，还需花费数天时间通过手动操作开关和电缆来将程序输入到ENIAC中。完成这一过程之后，接下来的步骤是验证和调试程序，ENIAC的设计允许逐步执行程序以便检查和修改。

ENIAC的六位主要女性程序员，在ENIAC的操作和维护中发挥了关键作用。她们不仅负责编程和输入程序，还深入理解了ENIAC的内部工作原理，经常能够准确地诊断某个具体的失效电子管，从而指导技术人员进行更换。

尽管当时认为编程工作不适合女性，第二次世界大战期间的劳动力短缺使得女性有机会进入这一领域。起初，这项工作并不被看作是有声望的，女性的加入被视为一种使男性能够从事更技术性工作的策略。在最初的六名女性程序员之后，为了满足ENIAC的操作需求，又有一百名科学家加入了扩展团队，继续为ENIAC工作。

1946年2月1日，ENIAC举行了一场新闻发布会，并在2月14日晚上正式对公众展示了其功能。该机器于1946年7月被美国陆军弹药兵部队正式采用，并在1946年11月9日暂时关闭，以进行翻新和内存升级，随后在1947年被转移到马里兰州的阿伯丁试验场。1947年7月29日，ENIAC重新启动并一直运行至1955年10月2日晚上11:45，最终由更高效的EDVAC和ORDVAC计算机取代并退役。

ENIAC的设计者莫克利和埃克特早在1944年8月就提出了构建一台电子离散变量自动计算机（EDVAC）的计划，并在宾夕法尼亚大学摩尔电气工程学院开始了设计工作。这项设计包含了许多在ENIAC建设期间想到的重要架构和逻辑改进，如高速串行存取内存。不过，埃克特和莫克利后来离开了项目，导致EDVAC的建造工作遭遇了挫折。

在1945年，冯·诺依曼访问了宾夕法尼亚大学的摩尔学院并记录了他的观察，这些笔记后来整理成了一份报告并公开发布，名为《EDVAC报告初稿》（*First Draft of a Report on the EDVAC*）。这份文件首次公开描述了使用存储程序概念的计算机逻辑设计，这种设计后来被广泛称为"冯·诺依曼架构"。其核心思想是将程序指令和数据存储于同一计算机内存中，显著简化了计算机的结构，同时提升了灵活性和效率。冯·诺依曼的这一贡献对后续计算机设计产生了深远影响，使他被誉为"现代计算机架构的奠基人"。

电子延迟存储自动计算机（EDSAC）是英国早期的一台计算机，由毛里斯·威尔克斯（Maurice Wilkes）及其团队在英格兰剑桥大学的数学实验室构建。该项目受到了冯·诺依曼在《EDVAC报告初稿》中关于EDVAC的开创性描述的启发，EDSAC成为第二台进入常规服务的电子数字存储程序计算机。

　　EDSAC的研发始于1946年，该机器于1949年5月6日运行了它的第一个程序，成功计算了一系列平方数和质数列表。这标志了它在计算机科学历史中的重要地位，尤其是在数字计算和程序执行方面的早期成就。

　　EDSAC的服务期持续到1958年7月11日，随后被更先进的EDSAC 2所取代，后者一直运行至1965年。EDSAC的开发不仅推进了存储程序计算机的设计，也为未来的商业计算应用奠定了基础。

毛里斯·威尔克斯和比尔·伦威克（Bill Renwick）在 EDSAC 前

　　在1945年到1947年间，图灵居住在伦敦汉普顿并在国家物理实验室（NPL）工作，负责设计自动计算机（ACE）。1946年2月19日，他提交了一篇详尽的论文，介绍了存储程序计算机的设计。尽管冯·诺依曼早在此之前发布了《EDVAC报告初稿》，图灵的文件却更为详细，这也引发了后来关于电子计算机之父身份的争议。

　　图灵的ACE设计极具前瞻性，然而，由于布莱切利园战时工作的保密性，图灵未能充分阐述其设计的理论基础，特别是涉及操作人员如何与计算机系统互动的部分。这种保密状态导致项目启动受阻，令图灵感到沮丧。

1947年底，图灵决定返回剑桥大学休假一年，在此期间他撰写了关于智能机械的开创性研究，然而这项研究在他生前未得到发表。在他休假期间，Pilot ACE在没有他参与的情况下完成了建造。

Pilot ACE是基于图灵设计的ACE的一个简化版，这台计算机在图灵离开国家物理实验室后由詹姆斯·H.威尔金森（James H. Wilkinson）领导继续建造。1950年5月10日，Pilot ACE成功运行了其第一个程序，并在同年11月对外公开演示。

虽然最初Pilot ACE只是一个实验性的原型机，但它很快显示出了巨大潜力，尤其是在当时其他计算资源稀缺的背景下。1951年末，经过若干升级以增强用户操作便利性之后，Pilot ACE开始被正式投入使用，并在接下来的几年里广泛地服务于科学计算领域，特别是它能够执行科学研究中必需的浮点运算。

Pilot ACE的许多设计元素对后来的电子计算机的发展也产生了重要影响。

在1948年，图灵被任命为曼彻斯特维多利亚大学数学系的讲师，并在次年担任该校计算机实验室的副主任。他积极参与了曼彻斯特马克1（Manchester Mark 1）的开发，这是早期的存储程序计算机之一。图灵不仅编写了这台机器的初版程序员手册，还被Ferranti公司聘为顾问，协助开发其商业版本——Ferranti Mark 1。他为这家公司工作直至去世，并持续领取顾问费。

同时，图灵继续从事数学研究，并在1950年10月的《心智》杂志上发表了影响深远的论文《计算机器与智能》（*Computing Machinery and Intelligence*）。在1948年，图灵与他大学时代的好友戴维·钱珀瑙恩（David Champernowne）合作，开始为一台尚未被实现的计算机编写一款国际象棋程序。这个程序1950年完成，被命名为"图罗冠军"

（Turochamp）。

到了1952年，图灵尝试在当时的Ferranti Mark 1计算机上运行这个程序。然而，由于计算机的运算能力有限，这个程序并没有能够在机器上成功运行。面对这一挑战，图灵决定采取一种创造性的方法来"运行"他的程序。他通过翻阅程序的算法页面，并在一个实际的国际象棋棋盘上手动执行指令，每走一步大约耗时半小时。这种独特的执行方式使得这场象棋对局成为历史上的一个奇特事件，图灵本人亲自记录了比赛过程。

这个程序的一次著名对局是它与图灵的同事艾利克·格伦尼（Alick Glennie）的对战。尽管程序设计精妙，但最终还是败给了格伦尼。然而，在另一场对局中，据称"图罗冠军"战胜了钱珀瑙恩的妻子伊莎贝尔（Isabel）。

1951年，39岁的图灵开始将他的研究兴趣转向数学生物学这一领域，这是继他在计算机科学和密码破解领域取得重大成就之后的又一次学术转变。通过深入研究，图灵于1952年1月发表了他在该领域的杰作，题为《形态生成的化学基础》（*The Chemical Basis of Morphogenesis*）。这篇论文探讨了自然界中形态生成的数学模型，即如何从相对均匀的生物体中发展出复杂的结构和形态。

尽管图灵的这项研究成果是在DNA的双螺旋结构被发现之前完成的，他的理论预见了生物形态发展的一些基本机制。他提出了反应-扩散系统（reaction-diffusion system），这是一种数学模型，用以描述化学物质通过反应和扩散产生空间模式的方式。图灵的模型为解释斑马的条纹、贝壳的图案等自然界中的许多模式提供了理论基础。

图灵的这篇论文至今仍被视为数学生物学中的一篇开创性文献，其影响力远远超出了当初的预期。

图灵的遗产

1952年1月，艾伦·图灵与19岁的失业青年阿诺德·默里（Arnold Murray）开始了一段恋情。这段关系始于牛津街上的一次偶遇，图灵邀请默里共进午餐。不久后，图灵的家中发生盗窃，默里坦承他认识那名盗贼，图灵因此向警察报案。

在调查过程中，警察发现了图灵与默里之间的同性恋关系。在当时的英国，同性恋是非法的，两人因此被指控"严重猥亵"罪。

最终，图灵接受了激素治疗，这对图灵的生理和心理健康都造成了极大的伤害。1954年6月8日，图灵在家中去世。一颗巨星就这样过早地陨落了。

作为现代计算机科学和人工智能领域的先驱，图灵留给世界的遗产远超他生前的想象。他的理论和研究不仅奠定了计算机科学的基石，还对人工智能的发展轨迹和研究方法产生了巨大影响。

图灵对计算机的本质和工作原理做出了定义性的贡献。他提出的图灵机模型，形式化了算法和计算过程，为计算机的设计和发展提供了理论基础。图灵机模型演示了机器在理论上能够执行任何可计算的任务，预示了通用计算机的出现，并为后续的计算机架构设计提供了重要灵感。

在人工智能领域，图灵通过提出图灵测试，首次设定了评估机器智能的实验性标准。他对机器学习、神经网络模型以及计算机与人脑的相似性进行了深入思考，为后世的人工智能研究注入了新的动力。他预见到机器学习的重要性，并提出机器应通过学习来获得知识而非仅靠预设的规则，这一理念为现代人工智能的核心方向——包括深度学习和机器学习——奠定了基础。

此外，以图灵的名字命名的图灵奖，是计算机科学领域的一项极为重要的荣誉。每年由计算机协会（Association for Computing Machinery,

ACM）颁发，此奖旨在表彰对计算机科学做出持久且重大技术贡献的个人。图灵奖通常被视为计算机科学领域的最高荣誉，因其地位之显著，常被誉为"计算领域的诺贝尔奖"。

图灵奖自1966年设立以来，第一位获得此荣誉的是来自卡内基梅隆大学的艾伦·佩利斯（Alan Perlis）。至今，图灵奖已被颁发给多位杰出的科学家，其中包括最年轻的获奖者高德纳（Donald Knuth），他在1974年仅36岁时获奖，而年龄最高的获奖者是阿尔弗雷德·阿霍（Alfred Aho），他在2020年以79岁高龄获奖。此外，有三位女性科学家获得了这一荣誉：弗朗西丝·艾伦（Frances Allen）于2006年获奖，芭芭拉·利斯科夫（Barbara Liskov）于2008年获奖，沙菲·戈德瓦瑟（Shafi Goldwasser）于2012年获奖。此外，姚期智在2000年成为唯一获得此奖项的华裔科学家。

在接下来的内容中，我们将深入探讨在人工智能历史上极为重要的一次会议。

第二章

达特茅斯会议：

聚是一团火，散是满天星

会议的背景

让我们先来回顾一下20世纪50年代以前，人工智能的早期发展。在那个时代，研究者们主要探索机器是否能模拟或复制人类的思维过程。他们试图设计和实现能自动执行传统人类智能任务的机器，如数学计算和逻辑推理。这段时间的几项关键性发展为人工智能学科的诞生奠定了基础。

1943年，沃伦·麦卡洛克（Warren McCulloch）和沃尔特·皮茨（Walter Pitts）提出了一种数学模型，这是神经网络理论的早期形式。他们的模型展示了神经元如何通过电子方式进行相互连接和交互，提出了一种基于生物神经网络的计算模型。这个模型尽管当时未被应用于具体的机器，但为后来的研究者提供了重要的理论基础，激发了他们利用机械或电子方式模拟人类大脑的思考过程。

接着，在1950年，图灵发表了具有里程碑意义的论文《计算机器与智能》，提出了后来被广泛认知的"图灵测试"概念。这个测试用来评判机器是否能展现出与人类相当的智能行为，即如果机器的行为在与人类的交互中无法被区分，则可认为机器具有人类级别的智能。

1955年，艾伦·纽厄尔（Allen Newell）、赫伯特·西蒙（Herbert Simon）和克里夫·肖（Cliff Shaw）共同开发了逻辑理论家（Logic Theorist）。这个程序是人工智能历史上的第一个显著成果之一，它能够证明数学定理，展示了解决问题和逻辑推理的能力，构成了科技领域的一个重大突破。逻辑理论家不仅在数学领域证明了定理，还标志着复杂问题解决和符号处理在机器上的实际应用的开始。

尽管这些成就令人瞩目，但在20世纪50年代初期，人工智能作为一个领域甚至还没有一个统一的名称。术语如控制论（cybernetics）、自动机理论（automata theory）和复杂信息处理（complex information processing）都被用来描述涉及模拟人类智能行为的研究和实践。这些不同的名称反映了该领域的跨学科性质和在早期阶段对其确切定义的探索。例如，诺伯特·维纳（Norbert Wiener）的《控制论》一书被认为是现代控制理论的奠基之作，它不仅对机器与动物大脑神经系统进行了详细对比，还深入探讨了许多与人工智能相关的概念。

《控制论》的出版引发了对于机器是否能够"思考"的问题的讨论，这一话题不仅在学术界引起了深入的思考，也逐渐渗透到新闻界和广播节目中。公众开始就人工智能的潜力和可能性展开热烈的讨论，有些人持怀疑态度，认为机器永远无法具备人类的思维能力，而另一些人则抱有乐观态度，相信随着技术的不断发展，机器最终能够实现类似人类思考的水平。

然而，尽管《控制论》在学术界和专业领域具有重要地位，但普通大众往往难以理解其中的复杂理论和数学推导。这也导致了一些对于人工智能未来发展的误解和夸大，使得公众对于人工智能的认知产生了一定的偏差。

这种多样性说明了人工智能作为一个独立学科是一个逐渐演化的过程。随着不同领域的科学家合作并分享观点，人工智能逐渐从多个相关学科中汇聚并发展出独特的理论和实践方法，为未来几十年的技术进步奠定了基础。

术语"人工智能"（artificial intelligence）首次被正式提出是在达特茅斯学院（Dartmouth College）举办的一场研讨会上。达特茅斯学院位于新罕布什尔州的汉诺威，是一所属于常春藤联盟的私立研究型大学，由埃利亚撒·惠洛克（Eleazar Wheelock）于1769年创建，是美国独立战争前获得宪章的九所殖民地学院之一。最初的设立目的是教授美洲原住民基督教神学和英式生活方式，早期主要培养公理会的牧师。随着时间推移，达特茅斯从专注于神学教育逐渐转变为一所综合性的研究型大学，但它仍保留使用"学院"这一称呼，以强调对本科教育的重视。

达特茅斯学院

1955年，当时身为达特茅斯学院数学助理教授的约翰·麦卡锡（John McCarthy）决定组织一个专门小组，探讨和发展关于智能机器的理论。

那究竟谁是约翰·麦卡锡呢？

麦卡锡于1927年9月4日出生于美国的波士顿，他的家庭背景颇为独特：父亲是一位爱尔兰裔天主教徒，而母亲则是犹太裔立陶宛人，两人均为美国共产党的活跃成员。在高中时期，麦卡锡就以数学神童的身份为人所知。在选择大学时，他唯一申请的是坦普尔·贝尔（Temple Bell）任教的加州理工学院，在申请材料中，他对未来的规划仅简单地写道："我打算成为一名数学教授。"

在加州理工学院期间，麦卡锡展现了他的野心和学术才能。他不仅攻读高级微积分课程，还涉猎了包括航空工程学在内的多个领域。参加了"希克森关于行为中的脑机制研讨会"（Hixon Symposium on Cerebral Mechanisms in Behavior），这一经历显著地影响了他后来的研究方向，使他开始考虑人工智能的可能性。尽管当时可编程计算机还未普及，麦卡锡的这一想法已经在学术圈内引起关注。在他的研究生阶段，麦卡锡不仅深入数学研究，还与其他杰出学者如诺贝尔奖得主约翰·纳什（John Nash）成为同学。

约翰·麦卡锡的军旅生涯开始于第二次世界大战末期，但他的经历主要是与官僚事务相关，而非实际的战斗行动。他被派驻在加利福尼亚州的圣佩德罗，位于距离他家不远的麦克阿瑟堡。在那里，麦卡锡是一名普通职员，处理士兵的退伍和晋升事宜。服役结束后，他进入普林斯顿大学攻读研究生学位，并很快会见了冯·诺依曼，这次会面对他后来的职业生涯产生了深远的影响。

到了1952年夏天，麦卡锡和马文·明斯基加入了贝尔实验室，成为数学家兼电气工程师克劳德·香农（Claude Shannon）的研究助理。香农被誉为"信息论之父"，他早在1950年就发表了有关电脑下棋程序的论文，并展示了对生物生长模拟程序——"自动机"的兴趣。这一领域在1970年因英国数学家约翰·康威（John Conway）发明的"生命游戏"细胞自动机而声名大噪，这些自动机程序模拟了生物细胞的生长和互动，对后续人工智能和复杂系统的研究产生了重要影响。

在达特茅斯会议上，麦卡锡因创立"人工智能"这一术语而闻名，并在推动该领域的理论与实践方面做出了重大贡献[1]。然而，这一名字在很长时间里遭受了广泛的批评。首先，术语中的"人工"（artificial）在英语中常带有"人造的""仿制的"之意，这可能会给人一种智能的"伪造"或"不真实"的印象。此外，"智能"（intelligence）一词本来源于"智力"（intellect），而实际上，自1956年以来，人工智能表现得毫无智力。

约翰·麦卡锡的研究领域广泛，不仅仅局限于人工智能，还涉猎编程语言的设计及其在社会中的广泛应用等多个计算机科学的子领域。麦卡锡尤其以发明LISP编程语言闻名，这种语言是首个专门为处理符号操作任务设计的，并且在人工智能研究中得到了广泛应用。LISP语言因其在AI领域的应用而显得格外重要，其设计哲学对后续编程语言的发展产生了深远的影响，尤其是在函数式编程范式方面。

约翰·麦卡锡

LISP语言以其独特的表达式计算模型和强大的数据处理能力而著称，它支持递归函数、自动垃圾回收等先进功能，这些特性使其成为解决复杂算法和数据密集型任务的理想选择。LISP在人工智能的各个领域，如机器

[1] 麦卡锡在自己晚年提到过好像是从别人那里听来的这个说法，但是记不清是谁了。也没有资料证明有人在他之前说过。

学习、自然语言处理和符号计算中，都
表现出其独到的优势。麦卡锡的这些创
新不仅推动了编程语言理论的进步，也
为计算机科学的许多其他领域的发展奠
定了坚实的基础。

　　此外，麦卡锡对人工智能与伦理学
之间的关系也有着深刻的洞察。他探讨
了机器是否能具备真正的智能、人类与
智能机器之间的交互问题，以及人工智

LISP 的 Logo 取材于中国太极图的阴阳鱼

能在社会中可能引发的种种影响等核心议题。他是计算机科学领域内最早
关注技术伦理问题的倡导者之一，强调了在推动技术创新的同时，必须考
虑到其伦理和社会影响。麦卡锡的研究和见解为之后在技术伦理领域的讨
论和政策制定提供了重要的思想资源，影响了多代科学家和工程师在技术
设计与实施过程中考虑伦理的方式。

　　1962年，麦卡锡离开麻省理工学院，前往斯坦福大学，并建立了斯
坦福大学人工智能实验室。实验室很快成为加州黑客的聚集地，并催生了
与麻省理工学院相同的黑客文化。史蒂夫·"斯拉格"·拉塞尔（Steve
"Slug" Russell）和怀菲德·迪菲（Whitfield Diffie）等名人都是在麦卡锡
的引领下迁移到西部的。苹果的联合创始人史蒂夫·乔布斯（Steve Jobs）
和史蒂夫·沃兹尼亚克（Steve Wozniak）也曾在青少年时期参观过位于山
上的斯坦福实验室，在心中种下了小小的种子。

　　麦卡锡在学术界的卓越地位不仅源于他的技术贡献，更因为他对人
工智能领域未来的愿景和方向产生了深远影响。麦卡锡一生获得了众多荣
誉，包括1971年的图灵奖（Turing Award）和1990年的美国国家科学奖章
（National Medal of Science），这些都肯定了他对计算机科学和人工智能
的巨大贡献。2011年10月24日，麦卡锡在斯坦福去世，但他在人工智能领

域的贡献及其启示将永远被后世铭记。

在1955年，尽管麦卡锡还是一名年轻的研究者，他已经在人工智能领域展示了非凡的远见和活力。

那年早些时候，麦卡锡向洛克菲勒基金会，寻求资金，以举办一个小规模的夏季研讨会，预计约有10人参加。6月，他与信息理论的开创者克劳德·香农——当时在贝尔实验室任职——一起会见了洛克菲勒基金会的生物与医学研究主任罗伯特·莫里森（Robert Morison），详细讨论了这个计划及其资金支持的可能性。虽然莫里森对于资助这样一个前景不明确的项目持有谨慎态度，但麦卡锡的热情和坚定让它变得可能。

到了1955年9月2日，这个项目最终形成了正式提案，由麦卡锡、马文·明斯基（Marvin Minsky）、纳撒尼尔·罗切斯特（Nathaniel Rochester）和香农共同发起。这一步标志着人工智能作为一个独立研究领域的正式起步，为其后数十年的发展奠定了基础。

该提案的原文为："我们提议在1956年夏季，在新罕布什尔州汉诺威的达特茅斯学院进行为期两个月的人工智能研究，预计有10人参与。研究将基于这样一个猜想：学习的每一个方面或任何其他智能特征原则上都可以被如此精确地描述，以至于可以制造出一台机器来模拟它。我们将尝试找出如何使机器使用语言、形成抽象和概念、解决目前为人类所保留的问题类型，并自我改进。我们认为，如果一个精心挑选的科学家团队在一个夏天中共同致力于这一个或多个问题，可以取得重大进展。"

这份提案首次使用了"人工智能"这一术语，它涵盖了计算机、自然语言处理、神经网络、计算理论、抽象思维和创造力等多个领域，这些至今仍是人工智能领域的核心内容。麦卡锡之所以选择"人工智能"这一术语，部分是因为其中立性，他希望这个新领域能避免局限于自动机理论，并且远离那些过分依赖模拟反馈机制的控制论。选择这一术语也是为了避免与控制论的主要倡导者、科学界的重量级人物诺伯特·维纳之间可能产生的学术争论。麦卡锡希望推广一个更广泛和开放的科学视角，为研究智能机器的方法论和应用开辟新的道路。

在那个计算机科学还处于初级阶段的年代，这个会议的构想显得非常前卫。尽管当时的计算机体积庞大且计算能力有限，但这些限制并未阻止科学家们对机器能否模拟人类智能的广泛探索和想象。会议的主要目的不仅是探讨这一议题，更关键的是寻求实现这一宏伟目标的可行方法。

此次会议的召开背景与当时的科技发展和社会环境密切相关。二战后，随着计算技术的飞速发展及逻辑学、认知科学等学科的兴起，人们逐渐意识到计算机不仅能执行数学运算，还能模拟复杂的思维过程，甚至具备实现人工智能的潜力。这种新的认知推动了达特茅斯会议的成功举办，这一会议成为人工智能领域发展的一个关键里程碑。

大约在1956年6月18日，第一批参与者中的雷·所罗门诺夫（Ray Solomonoff）抵达新罕布什尔州汉诺威的达特茅斯校区，会见了已在那里设有公寓的麦卡锡。所罗门诺夫和明斯基住在一位教授的公寓中，而其他多数参与者则下榻于汉诺威旅馆。

据悉，达特茅斯会议在1956年夏季进行了六周。然而，从雷·所罗门诺夫在研讨会期间所做的笔记来看，这场研讨会实际上持续了大约八周，从6月18日一直到8月17日。所罗门诺夫的笔记从6月22日开始，记录了与会者的活动和讨论，其中6月28日提及了明斯基，6月30日记载了对新罕布什尔州汉诺威的描述，7月1日提到了汤姆·埃特（Tom Etter）。8月17日，所罗门诺夫在会议中进行了他的最后一次演讲，为这次历史性的聚会画上了圆满的句号。

最初，麦卡锡不慎丢失了与会者名单。因此，在研讨会结束后，他向雷·所罗门诺夫发送了一份初步的与会者和访客名单，以及对该主题感兴趣的人员名单，共列出了47人。由于参与者的频繁变动，实际的参与人数一直存在争议。可以确认的是，所罗门诺夫、明斯基和麦卡锡三人是全程参与的。特伦查德（Trenchard）在其为期三周的访问中的两周负责记录出席情况。每日的会议参与人数通常在3～8人。

他们独占了达特茅斯数学系顶楼的全部空间，大部分工作日在主数学教室会面。有时，某位参与者可能会主导讨论自己的想法，但更常见的是进行广泛的讨论。

这次会议并非一个有明确指导的团队研究项目，讨论覆盖了广泛的主题。然而，研讨会被认为是几个重要研究方向的起点，包括符号主义的兴起、专注于有限领域的系统（早期的专家系统），以及演绎系统与归纳系统的对比。这些讨论在推动人工智能领域的早期发展中起到了关键作用。

达特茅斯会议是具有里程碑意义的事件，它首次将来自不同学科的科学家聚集一堂，共同探索机器智能的潜能。此次会议涵盖了自然语言处理、神经网络、理论模型、自动理论证明等多个领域，这些议题后来成为人工智能研究的核心内容。尽管会议的规模较小，参与者数量有限，但在那几周内，与会者之间的深入交流和思想碰撞奠定了人工智能未来几十年发展的基础。

从更宽广的视角观察，达特茅斯会议的召开不仅象征着人工智能学科的诞生，也映射了当时科学界对未来技术和探索人类智能本质的乐观态度。会议之后，尽管人工智能领域经历了多次起伏，但会议激发的研究热情和对智能机器的梦想持续推动着该领域的发展。

当然，也有一种论调是这个会议之所以受重视，还是因为在会上第一次提出了人工智能这个名词，同时期有些很重要的会议却被人完全遗忘。

1958年，在英国国家物理试验室召开了"思维过程机器化"（Mechanization of Thought Process）会议，聚集了当时计算机领域的顶尖专家和先驱，却没能让人留下深刻的印象，甚至几乎被遗忘在计算机历史的长河中。会议的与会者包括了达特茅斯会议的重要参与者麦卡锡、明斯基、塞尔弗里奇等人。此外，还有神经网络研究专家沃伦·麦卡洛克（Warren McCulloch）和英国的控制论代表人物阿什比（Roger Ashby）。

此次会议还吸引了编程语言的先驱者约翰·巴克斯（John Warner Backus）和格蕾丝·赫柏（Grace Hopper）。巴克斯在会上发表了关于他新发明的Fortran语言的论文，Fortran是一种面向科学计算的高级编程语言，对于解决数值计算问题具有重要意义。而赫柏则分享了关于第一个编译器的工作，她的努力和成就直接导致了COBOL语言的诞生。COBOL是一种面向商业应用的编程语言，为企业级应用程序开发提供了强大的支持，成为当时主流的商业计算语言之一。

2006年7月13日至15日，在达特茅斯学院举行了一次特别会议，以纪念50年前那次具有历史意义的人工智能研讨会。这次会议被命名为AI@50，全称"达特茅斯人工智能会议：未来五十年"（Dartmouth Artificial Intelligence Conference: The Next Fifty Years），由詹姆斯·摩尔（James Moor）组织。此次活动不仅是对过去的回顾，也是对人工智能未来发展方向的探讨。

会议特别邀请了原达特茅斯会议的部分参与者，包括明斯基、所罗门诺夫、塞尔弗里奇、特伦查德·摩尔（Trenchard More）和麦卡锡。这些先驱的出席不仅增添了纪念会议的历史重量，还提供了宝贵的视角来审视人工智能的过去、现在与未来。

此次会议得到了达特茅斯学院、通用电气（General Electric）和弗雷德里克·惠特莫尔基金会（Frederick Whittemore Foundation）的赞助，同时还获得了国防高级研究计划局（DARPA）提供的20万美元资金支持。作为资助的一部分，会议组织者被要求提交一份详尽的会议报告，内容涉及人工智能在其最初的50年里所面临的挑战的进展情况、对未来50年该领域所面临的主要研究和发展挑战的看法，以及识别出为应对这些挑战所需的关键突破。最后，将这些挑战和潜在的突破与控制论、信号处理、信息论、统计学和优化理论等相关领域的发展趋势进行关联分析。

主要参会人员

达特茅斯会议聚集了一批在未来人工智能领域产生重大影响的杰出科学家。每位与会者都在人工智能的历史发展中留下了不可磨灭的印记，并对该领域的理论和技术进步做出了显著贡献。下面将介绍一些主要的参与者。

马文·李·明斯基

马文·李·明斯基（Marvin Lee Minsky）于1927年8月9日出生在美国纽约市的一个犹太家庭，他的父亲是一名眼科医生，而母亲则是一位活跃的犹太复国主义活动家。明斯基的教育起步于纽约市的伦理文化费尔斯顿学校和布朗克斯科学高中，之后他进入了位于马萨诸塞州安多佛的菲利普斯学院（Phillips Academy）。

在1944年至1945年间，明斯基在美国海军服役，之后他回到学术领域，1950年在哈佛大学获得了数学学士学位。1954年，在普林斯顿大学获得了数学博士学位，其博士论文《神经类比强化系统理论及其在大脑模型问题中的应用》（*Theory of neural-analog reinforcement systems and its application to the brain-model problem*）展

2008 年的明斯基

示了他对人工智能和认知科学的浓厚兴趣。之后，明斯基的学术生涯进一步发展，他在1954年至1957年间入选哈佛学会（Harvard Society of Fellows），担任初级研究员，开始深入探索认

知和人工智能领域的复杂问题。

1958年，明斯基加入了麻省理工学院林肯实验室（MIT Lincoln Laboratory）的研究团队。一年后，他与麦卡锡共同创立了麻省理工学院计算机科学与人工智能实验室（MIT Computer Science and Artificial Intelligence Laboratory），这个实验室后来成为全球人工智能研究的领先中心之一。明斯基还担任过东芝媒体艺术与科学教授（Toshiba Professor of Media Arts and Sciences）和电气工程与计算机科学教授，这些职位反映了他在跨学科研究中的广泛影响。

在人工智能领域，明斯基的核心贡献之一是他在智能机器的知识表示和问题解决方法方面的开创性研究。他提出的"框架理论"（Frame Theory）是一种创新的知识表示方法，为计算机理解复杂场景和对象之间的关系提供了一个框架。

假设你被邀请参加一个婚礼，你的大脑会立刻激活一个"婚礼"的框架，这是一种心理结构，包含了所有关于婚礼的相关知识和经验。例如，你可能会想到婚礼通常需要穿正式服装，会有一场仪式，接着是宴会，还可能想到你需要带上礼物。这些信息并非孤立存在，而是通过你过去的经历和文化背景整合在一起，形成了一个关于"婚礼"应有的社会行为和预期的框架。

如果你到达婚礼现场，看到花环、红地毯和听到浪漫的音乐，这些元素会进一步加强你的"婚礼框架"，使你的行为和反应自然而然地符合这种场合的社会规范。此外，如果有些情况与你的预期不符，比如婚礼上出现了非传统的元素，你的框架也会进行调整以适应新信息，这种灵活性是人类认知非常重要的一部分。

框架理论不仅适用于日常活动，它们也存在于专业领域和学术研究中。例如，在医学领域，一个医生诊断病人时会激活包含症状、治疗和药物信息的相关医疗框架。在商业活动中，商人会根据"谈判"框架来准备和进行商业洽谈。

这一理论极大地推动了计算机模拟人类认知处理复杂信息的能力，对后续的知识表示、自然语言处理以及认知科学的研究产生了深远的影响。

明斯基与西摩·帕珀特合著的书籍《感知器》（*Perceptrons*）对弗兰克·罗森布拉特（Frank Rosenblatt）的神经网络研究提出了批判，成为人工神经网络分析领域的一部基础性著作。尽管这本书在人工智能历史上引发了广泛争议，但框架理论仍广泛应用于多个领域。明斯基还曾探讨外星生命可能与人类思维相似，从而能够与人类交流的可能性。

1961年，明斯基发表了《步进式思考机器》（*Steps Toward Artificial Intelligence*），详尽地探讨了实现人工智能所需面对的一系列挑战和可能的方法，这篇文章至今仍是AI领域的重要参考文献。他深入研究了如何构建具有常识推理能力的机器，这是实现真正智能机器的关键难点之一。

在1970年代初，明斯基和帕珀特在麻省理工学院人工智能实验室开展了"心智社会"（Society of Mind）的理论研究，试图解释所谓的智能可能是由多个非智能部分的相互作用产生的。明斯基透露，这一理论的灵感来源于他试图创建一个能够与儿童的积木互动的机器，该机器使用机械臂、视频摄像机和电脑进行操作。1986年，他出版了《心智社会》（*The Society of Mind*），这本书不同于他之前的学术著作，是为普通大众编写的，旨在普及复杂的心智理论。

此外，明斯基曾作为顾问参与了斯坦利·库布里克（Stanley Kubrick）的电影《2001太空漫游》的制作。电影中有一个角色名为维克多·卡明斯基（Victor Kaminski），是为了向明斯基致敬而设。在亚瑟·C.克拉克（Arthur C. Clarke）的原著小说中也提到了明斯基的贡献："在1980年代，明斯基和古德（Good）展示了人工神经网络如何能够根据任意学习程序自动生成——自我复制。人工大脑的生长过程与人类大脑的发育过程有着惊人的相似性。在任何特定情况下，精确的细节永远无法得知，即便知道，其复杂性也是人类理解能力的百万倍。"

明斯基在1969年荣获了图灵奖，这是计算机科学界的最高荣誉，表彰他在人工智能领域的突出贡献。2006年，他入选计算机历史博物馆（Computer History Museum）名人堂，以表彰他"共同创立人工智能领域，创造了早期的神经网络和机器人，并发展了关于人类与机器认知的理论"。2011年，明斯基被引入IEEE智能系统（IEEE Intelligent Systems）的AI名人堂，这是对他在AI和智能系统领域做出的重大贡献的认可。

纳撒尼尔·罗切斯特

纳撒尼尔·罗切斯特（Nathaniel Rochester）是一位杰出的电气工程师，于1941年毕业于麻省理工学院，获得了电气工程学士学位。毕业后，他在麻省理工学院的辐射实验室（Radiation Laboratory）工作，参与了多项军事技术的研发。三年后，他加入了瓦尼亚电器公司（Sylvania Electric Products），主要负责雷达装置和其他军用设备的设计与制造。

1948年，罗切斯特的职业生涯迎来了重要转折，他加入了IBM公司，与杰里尔·哈达德（Jerrier Haddad）携手，共同设计了IBM 701——世界上首台大规模生产的科学计算机。这台计算机的设计和生产，标志着科学计算领域的一个重大突破。罗切斯特还编写了首个符号汇编程序，使得程序员能够使用简短、易读的命令编写程序，而不再依赖于纯数字或穿孔码，大大简化了编程过程，并推动了计算机编程语言的发展。

IBM公司于1952年5月21日正式发布了IBM 701，标志着IBM正式进入计算机行业。当时IBM已是全球最大的打孔卡设备制造商和供应商。IBM 701被称为"防御计算器"，设计目的是支持美国在朝鲜战争中的军事行动。它主要面向政府、军事机构和西海岸的飞机制造商销售，共计售出19台，租赁价格高达每月8100美元。

IBM 701 的控制器

IBM 701采用了当时最先进的真空管逻辑电路和静电存储技术，配备了72个威廉姆斯管（Williams tubes）作为内存单元，每个威廉姆斯管能存储1024位信息，总计可达2048字的36位存储能力。此外，通过增加内存或换成磁芯存储，可将存储容量扩展至最大4096字的36位。除了静电存储，IBM 701还使用了磁鼓和磁带进行辅助存储。它的计算能力卓越，每秒能执行超过16000次的加减运算和超过2000次的乘除运算，能够在几分钟内完成复杂的计算任务。这些卓越的性能使得IBM 701在空气动力学测量、火箭引擎设计、氮分子的研究等领域发挥了重要作用，其客户群包括美国国防部和美国气象局等多个重要机构。

IBM 701的设计团队由150多名工程师组成，他们最初在纽约波基普西的一家领带工厂的三楼工作，后来为了更好地扩展空间和设施，迁移到了一个废弃的超市建筑中。在设计过程中，团队面临着众多难题，例如在炎热的天气下，屋顶的焦油会滴落下来，团队成员不得不在清理焦油的同时继续工作。尽管项目的实施充满了实验性质和偶尔的挫折，但这个过程也很激动人心。701的成功不仅奠定了IBM 700系列计算机的基础，而且帮助IBM在主机计算机和电子业务市场上确立了领导地位。

到了1955年，IBM组织成立了一个由罗切斯特领导的研究小组，专注于图案识别、信息理论和开关电路理论。这个小组利用IBM 704计算机模拟了抽象神经网络的行为。1958年，罗切斯特作为麻省理工学院的访问教授，协助麦卡锡开发了Lisp编程语言。

随着IBM开发的人工智能程序逐渐受到关注，其报道频繁出现在《科学美国人》和《纽约时报》等主流媒体上。然而，这种关注并非全然正面。IBM的股东们向总裁施加压力，质疑公司的研究资金为何要花费在这些相对"轻佻的事务"上。同时，IBM的营销团队注意到，客户对于"电子大脑"和"思考机器"等概念感到恐惧。

大约在1960年，IBM内部的一份报告建议公司应当终止对人工智能的广泛支持。基于这一建议，IBM最终决定结束其人工智能项目，并开始积极推广一种新的观点：计算机只能执行被明确指示的任务。这种转变旨在缓解公众对于AI可能取代人类的担忧，同时也反映了当时社会对人工智能未来不确定性的担忧。

克劳德·香农

克劳德·香农（Claude Shannon）1916年4月30日出生于美国密歇根州。他的父亲是一位商人，而他的母亲则是一位中学校长。

香农的童年英雄是托马斯·爱迪生（Thomas Edison），他后来得知爱迪生实际上是他的远亲。香农和爱迪生都源自约翰·奥格登（John Ogden，1609—1682）的血脉，奥格登是殖民时期的一位领导者，有许多杰出后代。

克劳德·香农

香农在1932年踏入密歇根大学的校门，这是他人生的一个转折点，因为在那里他首次接触到了乔治·布尔的理论，这些理论对他的学术和职业生涯产生了深远的影响。1936年，香农以优异的成绩毕业，获得了电气工程和数学双学士学位。这种跨学科的学术背景为他后来在信息理论和通信领域的开创性工作打下了坚实的基础。

1936年，香农前往麻省理工学院攻读电气工程的研究生学位，并参与了瓦内瓦尔·布什（Vannevar Bush）的差分分析器项目，这是早期模拟计算机的雏形。通过对这种分析器的复杂电路进行研究，香农提出一种基于布尔逻辑的电路设计方法。1937年，他完成了硕士论文《继电器与开关电路的符号分析》（*A Symbolic Analysis of Relay and Switching Circuits*）。霍华德·加德纳（Howard Gardner）后来评价这篇论文为"本世纪最重要、也是最著名的硕士论文之一"。

香农在硕士论文中首次将布尔代数应用于电路分析和设计，指出继电器和开关电路的行为可以用布尔变量描述，电路的开启和关闭状态可以用

0和1来表示。他展示了如何利用布尔表达式来模拟电路行为，并指导复杂电路设计的优化。

香农的方法论主要包括将电路简化成逻辑函数，并应用布尔代数的规则来简化这些函数，这不仅使电路设计变得更直观和系统化，而且大大提高了电路设计的效率和可靠性。香农的方法也被应用于电话交换技术。通过运用布尔代数，能够有效地设计和优化电话交换系统的继电器逻辑，这一应用直接促进了自动化电话交换技术的进步。

1940年，香农从麻省理工学院获得了数学博士学位。在瓦内瓦尔的建议下，他在冷泉港实验室（Cold Spring Harbor Laboratory）进行了博士研究，专注于发展孟德尔遗传学的数学模型。他的研究成果被整理成博士论文《理论遗传学的代数》（*An Algebra for Theoretical Genetics*），为遗传学领域提供了重要的数学基础。

1940年，香农加入位于新泽西普林斯顿的高级研究院（Institute for Advanced Study in Princeton, New Jersey）。在这里，他有幸与赫尔曼·魏尔（Hermann Weyl）、冯·诺伊曼等最具影响力的科学家和数学家讨论想法，偶尔还能与爱因斯坦和哥德尔等科学巨匠进行对话。

1937年夏天，香农曾在贝尔实验室（Bell Labs）工作几个月，并在第二次世界大战期间重返该实验室，从事密码学相关工作。1943年初，他与图灵有过接触。图灵被派往华盛顿，向美国海军密码分析服务部门介绍英国政府密码和密码学学校破解北大西洋德国海军潜艇使用的密码的技术。他对语音加密也感兴趣，因此在贝尔实验室度过了一段时间。香农与图灵在咖啡馆的茶歇时间相遇，图灵向他展示了1936年的论文，该论文定义了"通用图灵机"。这次交流给香农留下了深刻的印象，并且激发了他将图灵的理念与自己的研究相结合的想法。

1945年，在第二次世界大战结束前夕，美国国防研究委员会（NDRC）在即将解散前发布了一系列技术报告的总结。在这些报告中，特别值得关注的是一篇名为《火控系统中的数据平滑与预测》（*Data Smoothing and Prediction in Fire-Control Systems*）的论文，由香农、拉尔夫·比比·布莱克曼（Ralph Beebe Blackman）和亨德里克·韦德·博德（Hendrik Wade Bode）共同撰写。这篇论文通过类比"在通信系统中从干扰噪声中分离信号的问题"来正式处理火控数据的平滑问题。换言之，它通过数据和信号处理的方法对问题进行了建模，从而预示了信息时代的来临。

1948年，香农兑现了他之前的承诺，发布了研究成果《通信的数学理论》（*A Mathematical Theory of Communication*）。这篇文章分两次发表在《贝尔系统技术期刊》（*Bell System Technical Journal*）上，集中探讨了如何最佳地编码并传输发送者想要传达的信息。香农在这项研究中提出了信息熵的概念，它成为衡量消息中信息量的标准，即提供了一个量化的方法来衡量信息的不确定性或混乱程度。信息熵越高，信息的不确定性越大，信息的价值也就越高，通过这一研究，香农实际上奠定了信息理论领域的基础。

1949年，香农将他战时关于密码学的研究公之于众，发表了《保密系统的通信理论》（*Communication Theory of Secrecy Systems*）。在这篇论文中，他证明了理论上不可破解的密码系统必须满足一次性密码本的相同要求。他还引入了采样理论，这是一种从一组均匀的离散样本中恢复出一个连续时间信号的方法。这一理论在20世纪60年代推动了电信系统从模拟传输向数字传输的革命性转变。

同年3月9日，克劳德·香农在纽约举办的全国无线电工程师协会大会上提交了一篇名为《计算机下棋程序》（*Programming a Computer for Playing Chess*）的论文，探讨了如何通过编程使计算机评估棋局并选择最佳移动路线。他提出的策略大大减少了象棋游戏中需要考虑的可能性的数量，不仅简化了计算过程，也为后续的棋类游戏AI开发奠定了理论基础。

香农让所说的计算机下棋程序就是"最小最大程序"。这一算法基于对当前棋局位置的评估函数，以制定最佳棋步。他提出的评估函数示例涉及一个简单但有效的方法：从白方位置的价值中减去黑方位置的价值，从而计算出棋局的总价值。这种方法不仅考虑了棋子的基础材料价值，例如按照国际象棋的标准，兵（pawn）值1分，马（knight）或象（bishop）值3分，车（rook）值5分，皇后（queen）值9分，还考虑了棋局结构。例如，每存在一个双兵（doubled pawns）、后卫兵（backward pawn）或孤兵（isolated pawn）的不利结构，就会从总分中扣除0.5分。此外，棋子的活动性也被纳入考量，每个合法移动可以增加0.1分，从而激励玩家提高棋子的活动范围和灵活性。

1950年，香农还在妻子的支持下，创造了一台机器学习设备，名为忒修斯（Theseus）。这台装置由电机和继电器驱动，控制一个机械老鼠在一个包含25个方格的可变迷宫中寻找出口。迷宫的墙壁可以重新配置，从而不断提供新的"关卡"。这只机械老鼠设计得非常巧妙，它不仅能在走廊中搜索目标，而且能根据以往的经历在已知环境中迅速找到目标。如果被置于一个未知区域，它则开始探索，直至找到熟悉的路径。通过这种方式，忒修斯不断学习并扩展其记忆库，展示了一种原始但有效的自我学习能力。忒修斯的开发不仅展示了香农在理论和实践上的卓越才能，也为后续的人工智能研究提供了灵感。

1956年，香农成为麻省理工学院的终身教授，并在该校电子研究实验室继续拓展他在信息论和数字技术方面的研究，为现代通信技术和数据处理奠定了理论基础。他的教学和研究工作一直持续到1978年，培养了无数电子工程和计算机科学领域的人才。

遗憾的是，晚年的香农不幸患上了阿尔茨海默病，这是一种逐渐恶化的神经退行性疾病，最终影响记忆和认知功能。他在护理院度过生命的最后几年，直到2001年去世。这位伟大科学家的终章并不耀眼，但他在信息论和数字通信领域的开创性贡献依旧影响着今天的科技世界。

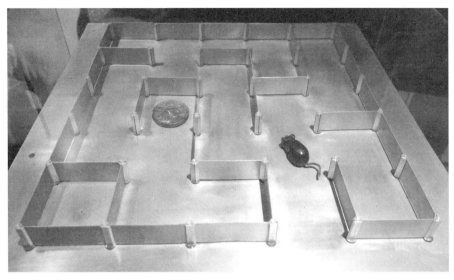

MIT 博物馆里的忒修斯

艾伦·纽厄尔

　　艾伦·纽厄尔（Allen Newell），1927年出生，1949年在斯坦福大学完成了物理学学士学位。本科毕业后，纽厄尔前往普林斯顿大学深造，主修数学。在普林斯顿，他首次接触到了博弈论。这一新兴领域激发了他对实验与理论结合研究的兴趣，而不是纯粹的数学研究。

　　1950年，纽厄尔离开普林斯顿，加入位于圣莫尼卡的兰德公司（RAND Corporation），专注于美国空军后勤问题的研究。这段经历进一步加深了他对实际应用科学研究的兴趣。后来，他在卡内基梅隆大学特珀商学院（Tepper School of Business at Carnegie Mellon）获得了博士学位，他的导师是决策理论领域的杰出学者赫伯特·西蒙（Herbert Simon）。

　　在兰德公司期间，纽厄尔与同事约翰·肯尼迪（John Kennedy）、鲍勃·查普曼（Bob Chapman）和比尔·比尔（Bill Biel）共同研究了空军预警站的飞行机组组织过程，并在1952年获得了空军的资助，开发了一个模拟器来检验和分析飞行驾驶舱内的决策和信息处理互动。这些研究使纽厄尔逐渐确信信息处理是组织中的核心活动，这一见解为他后来在人工智能和认知心理学领域的工作打下了基础。

在1954年9月，纽厄尔参加了一个具有启发性的研讨会，会上，塞尔夫里奇展示了一个能够学习识别字母的计算机程序。这次经历深深影响了纽厄尔，他开始相信可以创建出具备智能和适应性的系统。1955年，他撰写了一篇划时代的论文《象棋机器：通过适应处理复杂任务的一个例子》（*The Chess Machine: An Example of Dealing with a Complex Task by Adaptation*）。在这篇论文中，他详细描绘了一个创新的计算机程序设计，模拟人类的下棋方式。

纽厄尔与赫伯特·西蒙的合作成果丰硕，产生了一系列重要的程序和理论框架，包括"逻辑理论家"程序。这是首个自动推理软件，也是公认的第一个真正的人工智能程序。逻辑理论家成功证明了《数学原理》（*Principia Mathematica*）第二章前52个定理中的38个，并为其中一些定理找到了更简洁的证明方法。

1957年，纽厄尔和西蒙合作开发了"通用问题求解器"（General Problem Solver, GPS）。这个程序旨在模仿人类解决广泛问题的能力，不仅展示了计算机执行复杂任务的潜力，也为后来的人工智能研究打下了坚实的基础。通过GPS和其他相关项目，纽厄尔和西蒙提出了"物理符号系统假设"，主张机器对符号的操作能力是人工智能的基础。

离开普林斯顿大学后，纽厄尔加入卡内基梅隆大学，他的研究方向开始更多地涉及认知心理学，尤其是利用计算机模型来深入探索和理解人类智能的结构和运作机制。他在认知心理学领域的贡献，特别是对人类认知架构的研究，极大地推动了认知科学的形成和发展。

纽厄尔对人工智能与人类智能之间的关系具有深刻的见解。他认为真正的智能远超算法和计算程序的简单应用，是对智能的本质特性及其局限性的全面理解。

纽厄尔和西蒙

纽厄尔于1992年去世，但他的学术遗产和深远的影响至今仍在技术和心理学研究中显现出重要性。他的工作不仅开拓了认知模型的新视野，也为理解和构建人工智能系统提供了重要的理论基础。

赫伯特·西蒙

赫伯特·西蒙（Herbert Simon），1916年6月15日出生于威斯康星州的密尔沃基。他的父亲是一位犹太裔电气工程师，母亲则是一位才华横溢的钢琴家。西蒙在密尔沃基的公立学校接受教育，对科学产生了浓厚的兴趣，并形成了自己的无神论信仰。在中学期间，西蒙曾为无神论者的公民权利发声，向《密尔沃基日报》的编辑写信进行辩护。

赫伯特·西蒙

1933年，西蒙入读芝加哥大学，主修社会科学和数学，研究重点则是政治学和经济学。在校期间，他得到了亨利·舒尔茨（Henry Schultz）的指导。舒尔茨是计量经济学和数学经济学领域的杰出学者。西蒙于1936年获得学士学位，1943年获得政治学博士学位。

毕业后，西蒙入职加州大学伯克利分校，从事市政管理研究，并担任伯克利运筹学研究小组的负责人。1939年至1942年间，他通过邮件与芝加哥大学保持联系，完成了博士学位，并在业余时间撰写了博士论文。1942年到1949年，西蒙在伊利诺伊理工学院担任政治学教授及系主任。这段时间里，西蒙的学术和教育事业取得了显著成就。

西蒙以决策理论和认知心理学方面的工作而闻名。他提出了"有限理性"（Bounded Rationality）的概念，挑战了传统经济学中的"理性人"假设，强调在决策过程中，人类的认知资源是有限的，因此人们往往会寻求满足性的而非最优的解决方案。这一理论对经济学、管理学和认知心理学产生了深远影响。

西蒙不仅是一位杰出的经济学家，还是人工智能领域的开创者之一。他与艾伦·纽厄尔合作开发了逻辑理论家（Logic Theorist）和通用问题求解器（General Problem Solver, GPS），这些程序使用了他们和克利夫·肖（Cliff Shaw）共同开发的信息处理语言。1957年，西蒙预言，在未来十年内计算机将超越人类棋手，尽管这一预言四十年后才实现。1965年，他又预测，在未来二十年内，机器将能完成任何人类的工作。

1960年代初，心理学家乌尔里希·奈瑟（Ulric Neisser）提出，尽管机器能模仿推理、计划、感知和决策等"冷认知"行为，它们却无法复制疼痛、愉悦、欲望等"热认知"行为和其他情感。西蒙对此进行了深入研究，并于1963年撰写了一篇关于情感认知的论文，1967年在《心理学评论》（*Psychological Review*）上发表了更新版本。

1972年的乒乓外交打开了中美交流的大门，西蒙作为美国计算机科学代表团的成员首次访问中国，开启了他与中国学术界长达数十年的深厚友谊和合作。他对中国文化和学术的深刻理解，使得他在后来的交流中扮演了重要的桥梁角色，促进了中美两国在科学研究和学术交流方面的合作。西蒙对中国的热情不仅体现在频繁的访问和交流中，还体现在他对汉语的学习和对中国文化的深刻理解上。他在70多岁时开始学习汉语，中文名字"司马贺"也因此而来。1994年，西蒙还被选为中国科学院外籍院士。

除此之外，西蒙、纽厄尔以及当时的数学系主任、第一届图灵奖获得者艾伦·珀里思（Alan Perlis）一起创立了卡内基梅隆大学的计算机系，推动了计算机科学教育的发展，使得卡内基梅隆大学成为世界上最顶尖的计算机院校之一。

西蒙一生中获得了辉煌的成就和众多荣誉。1959年，他荣获美国艺术与科学学院（American Academy of Arts and Sciences）院士称号，并成为美国哲学会（American Philosophical Society）成员。1967年，他被选为美国国家科学院（National Academy of Sciences）成员。1969年，他因科学研究成就而获得美国心理学会（APA）杰出科学贡献奖。1975年，他因在人工智能、人类认知心理学和列表处理方面的基本贡献而获得图灵奖；1978年，他因对经济组织内决策过程的开创性研究而荣获诺贝尔经济学奖（Nobel Memorial Prize in Economics）；此外，他在1986年获得国家科学奖章（National Medal of Science）；1990年成为人工智能推进协会（Association for the Advancement of Artificial Intelligence）创始院士；1993年获得美国心理学会卓越终身贡献奖；1994年成为美国计算机学会院士；1995年则获得了国际人工智能联合会议（IJCAI）研究卓越奖。

约翰·霍兰德

约翰·霍兰德（John Holland）于1929年2月2日出生于美国印第安纳

州的韦恩堡（Fort Wayne, Indiana）。他的学术生涯始于麻省理工学院，于1950年取得物理学学士学位。随后，他转向数学领域，在密歇根大学继续深造，并于1954年获得硕士学位。1959年，霍兰德在密歇根大学取得了该校颁发的首个计算机科学博士学位。他在密歇根大学安娜堡分校（University of Michigan, Ann Arbor）担任心理学教授和电子工程与计算机科学教授，并曾在罗兰科学研究所（Rowland Institute for Science）及挪威的卑尔根大学（University of Bergen）担任访问学者。

霍兰德的研究主要集中在复杂适应系统（Complex Adaptive Systems, CAS）上，这类系统是由多个相互作用的组件或个体构成的动态网络。这些组件或个体能够通过学习和适应来调整自己的行为，以应对环境的变化。复杂适应系统在自然界、社会科学、经济学、技术和生态学等多个领域都有广泛的应用，它们的共同特征是复杂性、适应性和自组织性。

这类系统的核心特征是组成部分之间的非线性相互作用，这种相互作用意味着系统内的微小变化可能会引发巨大的影响，这一现象我们称之为"蝴蝶效应"。此外，系统的高度动态性和不可预测性也是其显著特征。系统中的每个组件或个体根据自身的规则行动，但当它们汇聚在一起时，却形成了系统级的行为和特性，这种现象被称为"涌现"，意味着系统的整体特性超越了单个部分的简单总和。

在复杂适应系统中，适应性是其核心特征之一。这些系统的个体组件可以根据个人经验和系统的反馈调整自己的行为策略，以适应环境的挑战和变化，从而保持或提升其生存和效率。例如，在生态系统中，物种会根据资源可用性和捕食者威胁调整其行为和繁殖策略。同样，在经济系统中，企业会根据市场条件调整其产品和服务的提供策略。

自组织是另一个关键特性，它指系统中的个体能够通过局部互动自行形成有序的结构和模式，而无须外部的中央控制。这种自组织能力常常导致系统产生新的结构和功能，增加了系统的复杂性。例如，蚂蚁仅通过遵循简单的局部规则就能共同构建复杂的蚁丘；在经济领域，市场参与者的相互作用自然形成了供需平衡。

复杂适应系统理论为理解和管理现实世界中的复杂现象提供了宝贵的工具和视角。在管理科学领域，这一理论帮助领导者理解组织如何作为复杂系统运作，从而更有效地设计策略和管理变革。在公共政策领域，认识到社会经济系统的适应性可以帮助政策制定者设计出能够促进系统健康发展的干预措施，避免引起不稳定或产生不可预测的后果。

唐纳德·麦克克里蒙·麦凯

唐纳德·麦克克里蒙·麦凯（Donald MacCrimmon MacKay）是一位杰出的英国物理学家，在信息理论和大脑组织理论领域贡献突出。麦凯的学术生涯始于圣安德鲁斯大学，并在伦敦国王学院完成了他的博士研究。

在20世纪40年代末，麦凯跻身于比例俱乐部（Ratio Club）的创始成员之列，这个团体对后来的控制论研究产生了深远影响，许多成员后来都成了著名的科学家。

唐纳德·麦克克里蒙·麦凯

麦凯家庭的学术成就同样令人瞩目。他的长子罗伯特·辛克莱尔·麦凯（Robert Sinclair MacKay）是华威大学（University of Warwick）的数学教授。他的小儿子大卫·J.C.麦凯（David J. C. MacKay）则是剑桥大学的物理学教授，继承了父亲的科研精神。

雷·所罗门诺夫

雷·所罗门诺夫（Ray Solomonoff）1926年7月25日出生于美国俄亥俄州克利夫兰市。他是犹太俄罗斯移民的后裔，在格伦维尔高中（Glenville High School）接受教育并于1944年毕业。同年，他加入了美国海军，担任电子学教官。在1947年至1951年间，他在芝加哥大学学习物理学并获得硕士学位。他的老师阵容星光熠熠，包括维也纳学派的领袖鲁道夫·卡尔纳普（Rudolf Carnap）和原子能之父恩里科·费米（Enrico Fermi）。

所罗门诺夫自幼对数学有着浓厚的兴趣，他的心中总是充满解决数学问题的纯粹喜悦和探索未知领域的渴望。1942年，年仅16岁的他便开始探索数学问题的通用解决方法。在1950年至1952年间，他与他人合作撰写了三篇论文，这些论文被视为网络统计分析的初步尝试。

1956年，在达特茅斯会议上，所罗门诺夫撰写了一份开创性的报告，题为"归纳推理机"（An Inductive Inference Machine）。在这份报告中，他提出了将机器学习视为一种概率性过程的观点，强调了训练序列的重要性，以及在构建新问题的试验解决方案时利用先前解决方案的经验。他于1957年发表了这些研究成果，这些论文成为概率机器学习领域的开山之作。

在1960年代之前，计算概率的传统方法是基于频率学派的观点，即通过计算有利结果的数量与实验总数的比例来定义概率。然而，所罗门诺夫在1960年的出版物中，提出了对这种概率定义的全面修订。他引入了"算法概率"（Algorithmic Probability）这一概念，并展示了如何在他的归纳推理理论中应用它进行预测，该理论后来被称为"所罗门诺夫归纳法"。

所罗门诺夫归纳法是现代机器学习和人工智能研究的基石之一，旨在解决如何从观测数据中自动生成预测模型的问题。这种方法的核心思想基于算法概率理论，它使用概率来评估某个数据集背后的模式和规律的可能性。所罗门诺夫归纳法是现代计算机科学中处理不确定性和复杂数据集的先驱技术之一，其创新之处在于它对归纳推理的处理方法。传统的科学方法侧重于从特定的观察中提取普遍规律，并通过实验验证这些规律的普适性。所罗门诺夫的方法则是通过分析可能解释观测数据的所有程序的概率分布来预测未来事件，遵循一个简单的原则：一个有效的理论或模型应该能够用最少的信息解释最多的数据。

在实践中，所罗门诺夫归纳法通过分析所有可能的计算机程序（这些程序在一定程度上能生成观察到的数据）来实现其功能。每个程序被赋予一个概率值，这个值取决于程序的简洁性以及其生成观察数据的准确性。根据奥卡姆剃刀原理，程序越短，其解释数据的可能性越大，因为它们能够在不引入额外信息的前提下解释数据。因此，所罗门诺夫归纳法倾向于选择那些能够以最简洁方式解释已知数据的程序作为最佳解释。

所罗门诺夫归纳法的一大特点是它不依赖于任何特定的先验假设或模型。这种特性使得该方法在探索未知或未经详细观测的新领域时显示出极高的灵活性和适应性。例如，它在自然语言处理、图像识别以及任何需要从未标记或未分类数据中识别模式的应用场景中都表现出色。

除了在计算机科学领域的贡献外，所罗门诺夫对科学哲学也有深入的探索。他认为科学理论和方法应该帮助我们更有效地理解和预测自然界的现象，这种理解依赖于发现规律和构建模型的能力。所罗门诺夫对理论的简洁性和优雅的追求体现在他众多的论文和演讲中，强调了简洁性在科学探索中的重要性。

朱利安·比格洛

朱利安·比格洛（Julian Bigelow）1913年出生于新泽西州的纳特利（Nutley, New Jersey）。他在麻省理工学院完成了硕士学位的学习，专攻电气工程和数学。在第二次世界大战期间，比格洛与诺伯特·维纳

（Norbert Wiener）共同参与了针对反舰炮自动火控系统的研究。这项研究最终促成了维纳滤波器（Wiener filter）的诞生，这是一种用于噪声过滤和信号处理的数学工具。

比格洛与维纳及阿图罗·罗森布卢斯（Arturo Rosenblueth），于1943年在《科学哲学》（*Philosophy of Science*）杂志上合作发表了一篇开创性论文《行为、目的与目的论》（*Behavior, Purpose and Teleology*）。这篇论文深入探讨了机械、生物和电子系统之间的通信和相互作用方式，奠定了控制论和现代目的论的基础。论文的发表不仅催生了目的论学会的成立，还促成了麦西会议（Macy conferences）的召开。比格洛在这两个重要组织中都是积极的成员。

在职业生涯后期，比格洛在普林斯顿高级研究院担任了多年的访问学者，继续在科技和工程领域进行深入研究。在此期间，他受到冯·诺依曼的邀请，参与数字计算机——"IAS机器"的构建工作。

朱利安·比格洛，赫尔曼·戈尔茨坦，J. 罗伯特·奥本海默和约翰·冯·诺依曼

IAS机器是普林斯顿高级研究院建造的第一台电子计算机，有时也被称为"冯·诺依曼机器"，因为它的设计是由冯·诺依曼详细描述的。这台计算机的建造始于1946年，经过几年的努力，最终在1951年完成。它是早期电子计算技术的标志性成就，现在被收藏在史密森尼美国国家历史博物馆，成为历史的见证。

IAS 机器

奥利弗·塞尔弗里奇

奥利弗·塞尔弗里奇（Oliver Selfridge）1926年5月10日出生于英国伦敦一个显赫的家族——他是塞尔弗里奇百货公司的创始人哈里·戈登·塞尔弗里奇的孙子，那句著名的"顾客永远是对的"（The customer is always right.）就出自他爷爷。塞尔弗里奇的教育生涯始于英国的马尔文学院，之后他跨越大西洋，来到美国深造。1945年，他从麻省理工学院获得了数学学士学位。

2008 年的塞尔弗里奇

尽管塞尔弗里奇在麻省理工学院继续攻读研究生学位，并成为著名的《控制论》作者诺伯特·维纳的研究生，但他最终并没有完成博士论文，也未获得博士学位。

塞尔弗里奇撰写了一系列关于神经网络、模式识别和机器学习的重要论文，其中的《泛魔识别架构》（*Pandemonium architecture*）被广泛认为是人工智能领域的经典之作。这篇论文在认知科学和计算机科学的交叉领域中具有开创性的意义，旨在模拟人类大脑处理感知任务的复杂机制。

尽管塞尔弗里奇的模型在今天的人工智能研究中不再是主流，但它为后来的认知模型和算法的发展奠定了坚实的基础。泛魔识别架构的核心概念是将感知过程分解为多个独立且互动的"恶魔"（demons），每个"恶魔"负责处理一种特定类型的信息。

在塞尔弗里奇的设计中，这些"恶魔"被分为不同的层次，按照它们的功能进行组织，每一层承担从简单的数据收集到复杂的决策制定等不同任务。这种分层的构想预示了后来在神经网络设计中广泛采用的多层架构思想，展现了早期对于深度学习结构的预见。

在实际应用中，每个恶魔可以被看作是一个小的、专注于特定任务的处理单元。例如，一些恶魔可能专注于图像中的边缘检测，而另一些则可能专注于识别特定的颜色或形状。这些恶魔通过自身的处理结果影响整个系统的输出，他们的活动可以被视为是在竞争和协作中寻求解决问题的最佳途径。

泛魔识别架构的另一个重要特征是其动态性。恶魔不是静态的，而是根据接收到的输入动态调整其活动强度。这种动态调整使得模型可以更加灵活地应对各种情况，模拟类似人脑在面对不同刺激时的响应变化。此外，恶魔之间的交互也反映了一种基于优先级和紧迫性的信息处理机制，这在当时是一个创新的概念。

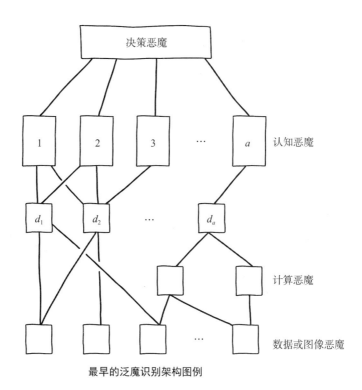

最早的泛魔识别架构图例

想象一下，你正在玩一个通过摄像头识别各种物体的电脑游戏，比如识别桌上的水果。在这个游戏中，电脑需要分辨出放在桌上的是苹果、橙子还是香蕉。我们可以用泛魔识别架构来构建这个识别系统，让它像人类大脑那样工作。

在这个系统中，每个"恶魔"是一个小的程序单元，负责处理从摄像头收集到的图像信息的一小部分。例如，一个"恶魔"可能专门负责识别图像中的红色区域，这对于识别苹果尤为重要。另一个"恶魔"可能擅长辨别圆形的轮廓，这有助于识别橙子和苹果。还有一个"恶魔"可能专注于识别光滑的表面，这可以帮助区分香蕉和其他水果。

当你将一个苹果放在摄像头前时，所有的"恶魔"都开始工作。识别红色的"恶魔"会因为看到大面积的红色而变得非常活跃，识别圆形的"恶魔"也会因为苹果的圆润形状而响应。同时，识别光滑表面的"恶魔"可能不会那么活跃，因为苹果的表面相对来说并不光滑。

这些恶魔的活动结果会被送到一个更高级的"恶魔"那里，这个高级"恶魔"的任务是综合所有低级"恶魔"的信息，并做出最终判断。在这个例子中，高级"恶魔"会根据收到的强烈的红色信号和圆形信号，结合较弱的光滑表面信号，最终判断摄像头前的是一个苹果。

通过这种方式，泛魔识别架构使电脑能够通过模拟大脑中信息处理的方式来识别和区分各种物体，这种方法不仅效率高，而且能够灵活适应不同的识别任务。

虽然泛魔识别架构最初是为了解决视觉和听觉感知问题而设计的，但其基本原则也被应用于其他类型的认知任务，如语言处理和决策支持。它的这种多功能性展示了一种模块化和层次化处理信息的有效方式，对后续的认知模型设计产生了深远的影响。

塞尔弗里奇的职业生涯主要在麻省理工学院的林肯实验室（Lincoln Laboratory）展开，他在那里扮演了重要的角色，担任MAC项目的副主任。除此之外，塞尔弗里奇还在博尔特、贝拉内克和纽曼公司（Bolt, Beranek and Newman）以及GTE实验室担任要职，并最终晋升为GTE实验室的首席科学家。在这些职位上，塞尔弗里奇对人工智能、通信技术和网络系统的发展做出了重大贡献。

塞尔弗里奇的影响力不仅限于工业界，他还在美国国家安全局（NSA）的咨询委员会服务了20年，担任数据处理小组的主席，参与了许多关键的国家级安全项目。1991年，因其在人工智能领域的杰出成就，他被选为人工智能推进协会（Association for the Advancement of Artificial Intelligence）的院士。

1993年，塞尔弗里奇结束了数十年的卓越职业生涯，光荣退休。他的工作不仅推动了人工智能和计算机科学的发展，还在安全通信和数据处理领域留下了不可磨灭的印记。

会议的影响

1956年的达特茅斯会议如同一束光，照亮了人工智能的黎明。这不仅是一个会议，更是人工智能学科的诞生仪式。这次会议首次明确了"人工智能"这一概念，并设定了一个具有远见卓识的议程，对随后几十年的AI研究和开发产生了深远影响。众多杰出科学家齐聚一堂，就机器学习、自然语言处理、机器人技术和知识表达等话题进行了深入探讨。会议的雄心壮志是探讨如何让机器模拟人类智能的各个方面。

会议的成功举办，迅速催生了一系列关键的研究机构和研究计划，它们成为推动人工智能研究不断前行的引擎。麻省理工学院和斯坦福大学等顶尖学府纷纷创建了专门的人工智能实验室，这些实验室成为人工智能研究的领军力量。此外，会议还催生了专门用于人工智能研究设计的编程语言，如LISP。

达特茅斯会议的影响力一直延续到20世纪70年代和80年代，它促进了专家系统的诞生。这些系统将AI技术应用于实际的、特定领域的任务中，证明了AI技术的商业可行性。尽管在20世纪80年代，人工智能领域遭遇了一段被称为"人工智能冬天"的低迷期——资金减少、预期降低、研究速度放缓，但科学家们的研究热情并未减退，研究工作仍在继续。这一整合期为人工智能领域的成熟，也为90年代的复兴奠定了基础，那时，更强大的计算资源和新的机器学习算法开始涌现。

人工智能的复兴带来了自然语言处理和计算机视觉方面的重大突破，这得益于神经网络等新方法在机器学习中的应用。同时，大数据的兴起也为现代人工智能的发展提供了坚实的基础，使人工智能系统变得更加复杂和高效。

如今，达特茅斯会议的遗产在各行各业中都显而易见，人工智能的广泛应用正在推动着创新，从医疗保健和机器人技术到金融和娱乐业。这次会议所奠定的基础理念和乐观精神继续激励着研究人员，凸显了这一历史性事件对人工智能发展轨迹的持久影响。

后面一章将详细讲述人工智能领域随后的发展历程。

第三章

乐观思潮，直至寒冬

Shakey 的诞生

经过第二次世界大战的洗礼，欧洲和亚洲的许多国家都面临重建经济的艰巨任务。1947年，美国推出了规模宏大的马歇尔计划（Marshall Plan），旨在帮助欧洲国家恢复和重建战后经济。在该计划的助力下，西欧国家获得了大量的财政援助，在战后不久便实现了经济的快速复苏，这一时期甚至被称为"经济奇迹"。

而东欧国家则采取了社会主义市场经济体制。

在亚洲，日本和韩国的重建之路呈现出明显的特点和差异。日本采取了出口导向的工业化战略，实现了高速经济增长，逐步成为全球主要经济体之一。韩国也实施了以重工业和出口为驱动的经济发展策略，成功地从一个以农业为主的国家转型为工业化国家。

在北美，美国凭借其在二战中展现的经济和军事优势，迅速崛起为全球无可争议的经济超级大国。战后，美国的消费文化快速发展，汽车和家用电器成为普通家庭的标配，象征着美国社会进入了一个新的繁荣时代。

到了1960年代，全球经济格局开始显现出多元化。新兴经济体如巴西、印度和中国开始探索各自的工业化道路。石油输出国组织（OPEC）的成立，标志着资源国开始在全球经济中扮演更重要的角色。

在这一时期，世界科技发展经历了一个非凡的历史阶段，见证了众多重大的科技创新和发明。这些技术革新不仅深刻影响了科学界，也彻底改变了全球社会的日常生活和经济结构。

科技发展的初期动力部分来源于战争时期的军事需求。战时开发的许多技术，如雷达、电子计算机和核能，在和平时期被广泛地商业化和民用化。例如，雷达技术就被广泛应用于民用航空，显著提升了航班的安全性和效率。核技术的进步不仅使得核能发电成为可能，也引发了关于环境保护和核武器扩散等公共和政治问题的广泛讨论。

在计算机科技方面，第二次世界大战期间开发的电子计算机，如ENIAC，为随后的计算机革命奠定了坚实的基础。1950年代，晶体管的发明取代了体积庞大且耗能高的真空管，这一技术创新极大地促进了电子设备的小型化和效能提升。不久之后，集成电路的出现进一步加速了计算机技术的发展，为个人电脑的普及提供了技术前提。

通信技术在同一时期也实现了突破性的进展。从普通的固定电话到自动电话交换系统的普及，再到卫星通信的实现，这些技术进步极大地提高了全球通信的速度和覆盖范围。1960年代中期，全球首颗通信卫星的成功发射，标志着我们进入了全球即时通信的新时代。

航空和太空探索领域在这一时期也取得了巨大进展。喷气式飞机的商业化使全球旅行更加迅速和经济，美苏之间的太空竞赛也极大推动了航天技术的发展。1957年苏联成功发射的第一颗人造地球卫星"斯普特尼1克"（Sputnik-1），随后美国实施了阿波罗计划（Apollo Program），不仅展示了两个超级大国的科技实力，还激发了全球对科学和技术研究的兴趣与投资。

在生物技术和医学领域，这一时期同样见证了显著的进展。DNA双螺旋结构的发现开启了分子生物学的新纪元，对遗传学、生物技术乃至法医科学产生了深远的影响。医学的进步，包括抗生素的广泛应用、心脏病和癌症治疗技术的突破，以及新型疫苗的研发，极大地提升了全球人口的健康水平、延长了预期寿命。

20世纪60年代，社会和科技的进步共同孕育了对人工智能的乐观态度，这一时期被誉为人工智能研究的黄金时代。计算机科学的飞速进步，尤其是计算能力的显著提升，为人工智能的探索带来了前所未有的机遇。计算机从早期的庞大机器逐步演变为更加高效和实用的设备，这不仅大幅降低了计算成本，也使得复杂算法的实现变得可行，为人工智能的研究注入了新的活力。

这一时期的科技进步并不是孤立的事件，它深受当时社会氛围的影响。1960年代的社会对未来科技充满乐观预期，太空竞赛等事件极大地激发了公众对科学技术突破的热情和想象。在这样的背景下，人工智能被视为一个前沿领域，有望探索人类智能的本质并实现科技的飞跃。政府和私人部门的资金投入在这一时期显著增加，进一步推动了人工智能领域的发展。

人工智能研究者在这一时期提出了多项开创性的理论和技术，包括早期的机器学习算法、自然语言处理技术以及对智能机器人的初步设想。这些成就不仅展示了计算机处理复杂任务的巨大潜力，也增强了科学界和公众对于人工智能能够实现更高级别智能的期待和兴趣。

斯坦福国际研究院（SRI International），位于美国加利福尼亚州门洛帕克，是一家享誉全球的非营利性科学研究机构。SRI由斯坦福大学的董事会成员和校友于1946年创立，初衷是为了支持当地经济的发展，后来成为一个创新中心。

SRI的历史源于两个在加利福尼亚州开展的非营利应用研究和开发项目，为美国西部工业服务。这两个项目最终合并，发展成了SRI。在早期，SRI面临的一大挑战是缺乏持续的资金支持。为了克服这一困难，SRI开始承接政府的合同项目。到了1970年，该研究所正式从斯坦福大学独立出来，并改名为斯坦福国际研究院，以更好地反映其在全球范围内的研究和合作活动。在其发展过程中，SRI推出了多项突破性创新，如电脑鼠标、机器人手术技术和癌症治疗方法等。

SRI的军事部门主要围绕三个长期项目展开工作：战斗发展实验中心（CDEC）、海军战争研究中心（NWRC）和战略研究中心（SSC）。这些项目自20世纪50年代起一直持续到80年代，为美国军队提供了战术策略评估、系统战略价值分析以及军事行动计划。特别值得一提的是，SRI的研究推动了计算机技术在战术级别的应用，为准备多种潜在冲突场景做出了贡献。

SRI在计算机科学和人工智能领域的成就同样令人瞩目，其中包括成为ARPANET的四个初始节点之一，而ARPANET是今天互联网的前身。SRI的研究团队还在自然语言处理、问题解决、场景分析、导航和专家系统等多个方面进行了开创性的工作。特别是在1966年到1972年间，SRI开发了名为Shakey的机器人，这是早期自主移动机器人的先驱。该项目由查尔斯·罗森（Charles Rosen）、尼尔斯·尼尔森（Nils Nilsson）和彼得·哈特（Peter Hart）担任项目经理，其他重要贡献者包括阿尔弗雷德·布莱恩（Alfred Brain）、斯文·瓦尔斯特罗姆（Sven Wahlstrom）、伯特拉姆·拉斐尔（Bertram Raphael）、理查德·杜达（Richard Duda）、理查德·费克斯（Richard Fikes）、托马斯·加维（Thomas Garvey）、海伦·陈·沃尔夫（Helen Chan Wolf）和迈克尔·威尔伯（Michael Wilber）。在美国国防高级研究计划局（DARPA）的资助下，该项目显著推动了自动化和机器人技术的发展。

Shakey是历史上首个具有推理能力的移动机器人，它开创了在单个系统中整合多种人工智能组件的先河。这台机器人不仅能感知其周围环境，还能进行逻辑推理、规划自己的移动路径并操纵物体，为机器人学、人工智能、计算机视觉以及路径规划等多个领域的未来技术发展奠定了基础。

Shakey的机身装备了多种硬件，包括带有无线电通信天线的高大结构、声呐距离测量器、电视摄像头、板载处理器以及碰撞检测传感器。"Shakey"（意为"摇晃的"）这个名字来源于其行动时明显的摇晃特性。

在操作方面，Shakey能在简化的环境中完成多项任务，如导航房间、操作物体和响应复杂的命令，还能使用自然语言与人类进行交互。其控制软件采用了四层结构设计，这种多层架构模型后来成为未来机器人系统的蓝本。

Shakey的规划系统被称为STRIPS（Stanford Research Institute Problem Solver），这是一种由理查德·费克斯（Richard Fikes）和尼尔斯·尼尔森（Nils Nilsson）于1971年在斯坦福国际研究院开发的自动规划系统。STRIPS作为一种形式化语言，至今仍是许多自动规划问题的行动语言的基础。

STRIPS的核心理念在于将行动和目标描述为一组具体的先决条件和结果，通过将复杂的规划问题分解为一系列较小的子问题来逐步求解，每个子问题都可以单独处理。然后，它将这些子问题的解决方案整合起来，形成一套完整的策略，以解决整体的规划问题。这种方法使得STRIPS能够在导航、调度和资源分配等多个领域得到应用。

在实际应用中，STRIPS运用启发式搜索算法独立处理每个子问题，并将这些解

Shakey 机器人

决方案进行组合，形成一套完整的操作策略。因此，STRIPS在机器人系统和其他自动规划系统中得到了广泛的应用，能够为机器人或自动化系统执行具体任务提供详细的步骤计划。

在1970年11月的《生活》杂志上，Shakey得到了广泛宣传，报道的内容和影响力超出了当时项目的实际发展水平。这篇报道之所以引人注目，不仅因为它探讨了技术细节，更因为它被放置在一篇关于男女混合宿舍的封面故事旁，从而获得了额外关注。此外，杂志中还穿插着各种广告，如四轮汽车和索尼11英寸电视，使这期杂志显得格外丰富多彩。

记者布拉德·达拉奇采用第一人称视角，详尽介绍了Shakey的功能，并试图揭示未来机器时代的复杂性。他引用了斯坦福国际研究院研究人员的话，虽然承认目前的研究还未能赋予机器复杂的情感，包括人类的情感高潮，但整篇文章仍保持着一种乐观的基调。这种乐观情绪后来也感染了整个机器人研究领域。

不过，这篇文章中的一些夸张描述让斯坦福国际研究院的科研人员，包括罗森、彼得·哈特和伯特·拉斐尔，感到不安。达拉奇描绘了一个在斯坦福研究院走廊上自由滚动、速度甚至超过人类行走的Shakey，它只在遇到门时才停下来，并且能够以类似人类的方式对环境进行推理。但拉斐尔指出这种描述令人尴尬，因为在达拉奇来访时，Shakey还未开始运行，那时它刚刚被转移到新的控制计算机上。

这一情况也引起了明斯基的不满，他发表了一篇长文进行反驳，指责达拉奇在文章中引用他的言辞纯属捏造。虽然这引发了一些争议，但最终这件事并没有得到进一步的解决或公开讨论，而是不了了之。

Shakey机器人在科技史上占有重要地位，其影响力远远超出了它的实际运行时间和功能范围。作为早期自主机器人的典型代表，Shakey不仅在其运行期间展示了机器视觉、地图构建和决策规划等多项前沿技术，更为关键的是，它为未来科技的发展奠定了坚实的基础。

Shakey的技术理念和应用推动了多个创新项目的诞生。例如，受到Shakey启发的Stanley自动驾驶车辆在DARPA大挑战赛中取得了显著成就。Stanley采用了先进的机器学习算法和传感技术，在无人驾驶领域实现了重大突破，这些技术进步正是源自Shakey在感知和自主导航方面的早期研究。此外，Willow Garage开发的PR2机器人也继承了Shakey的多功能性和交互能力，能够在更复杂的环境中执行多种任务，展示了机器人技术的广泛应用潜力。

NASA的火星探测车也深受Shakey遗产的影响。这些探测车在火星表面进行导航和科学任务时，采用了基于Shakey原始概念的自主探索和环境感知的核心算法。例如，火星探测车的路径规划和地形分析技术，直接借鉴了Shakey在处理复杂路径和环境分析方面的原型技术，这些技术的应用使得对遥远星球的科学探索成为可能。

Shakey 的创造者们

［摄于2017年2月计算机历史博物馆（Computer History Museum）举办的IEEE里程碑奖活动上，从左到右依次是理查德·O. 杜达（Richard O. Duda）、汤姆·加维（Tom Garvey）、IEEE当选主席吉姆·杰弗里斯（Jim Jeffries）、彼得·E. 哈特（Peter E. Hart）、尼尔斯·J. 尼尔森（Nils J. Nilsson）、理查德·费克斯（Richard Fikes）、海伦·陈·沃尔夫（Helen Chan Wolff）、克劳德·芬内马（Claude Fennema）、伯特拉姆·拉斐尔（Bertram Raphael）、迈克·威尔伯（Mike Wilber）］

还有A*算法，最初是为了协助Shakey机器人进行高效的路径规划而开发的，如今已经成为无处不在的关键工具，广泛应用于从视频游戏的虚拟环境到现实世界复杂的交通导航系统中。这一算法使系统能够迅速计算出从起点到终点的最短路径，极大提升了运输和物流行业的效率。

Shakey的技术遗产远超过其单一成就的集合，其作为技术先锋在众多领域触发的连锁效应无处不在。从自动驾驶车辆到深空探测任务，再到我们日常使用的智能手机，Shakey的影响深远，其精神和原则持续推动着科技的前沿发展。Shakey不仅仅是一项技术壮举，它已成为人工智能和机器人潜力的象征。

这台机器人证明了机器不仅能够执行复杂的任务，还可以被设计来深入理解并与复杂地理环境互动。在各个领域中，我们仍然能够感受到Shakey的影响，这使得它在人工智能和机器人学的历史中占据了一个基石般的地位。

积木世界

积木世界（Blocks World）的诞生是出于人工智能研究领域对一个简单而有代表性的问题的需求。这一概念最初在20世纪70年代由人工智能研究者提出，目的是创建一个可控的环境，用以测试和优化各种规划算法。积木世界作为一个简化的模型问题，其简洁的设置使得研究者能够专注于解决基本的逻辑和规划问题，而无须面对现实世界环境的复杂性和不确定性。

这个模型包括一系列可以堆叠的立方体积木，研究者可以通过机器人臂一次移动一个积木，对它们进行重新排列。

在积木世界中，每个积木都可以通过字母（如A、B、C等）进行标识，并能够堆叠成不同高度的塔。机器人臂能够执行一些基本动作，例如捡起和放下积木，但这些动作必须遵守一定的规则。例如，只有当积木位于最顶层且没有其他积木压在其上时，它才能被捡起；同样，只有当机器人臂处于空闲状态时，才能执行捡起动作。此外，放置积木时，只能放在一个清晰可见的积木上或者直接放在桌面上。

积木世界的目标是将一组积木从初始状态移动到目标状态，这个过程需要通过逻辑和规划来优化，以确保动作序列尽可能高效。这个问题的难点在于需要同时处理多个目标和约束条件，例如，既要保持特定积木的可访问性，又要按照一定的顺序执行动作。

解决积木世界问题的过程涉及了多种规划方法，包括目标驱动的规划和非线性规划。

目标驱动的规划是一种常用策略，其核心思想是建立一个目标堆栈来管理多个目标。在积木世界问题中，这种方法将问题分解成一系列子目标，并为每个子目标确定达成方式。通过逐步实现这些子目标，最终实现整个问题的圆满解决。这种方法有助于提升问题处理的可管理性和解决效率，使问题解决过程更加直观和可控。

另一种常用的规划方法是非线性规划。它通常包括发布约束条件，以管理不同操作之间的依赖性和顺序。这意味着在安排每个操作时，必须考虑其对其他操作可能产生的影响，并确保它们之间的顺序和关系满足问题的要求。通过这种方式，可以有效地避免冲突和错误，保证问题得到正确的解决。

积木世界因其简洁明了的规则和结构，成为研究人工智能规划问题解决方案的理想测试平台。它不仅协助研究者深入理解并开发更为复杂的规划算法，还因其在教育和研究领域的广泛应用而具有显著的教育价值。

在20世纪60年代末至70年代初，特里·威诺格拉德在麻省理工学院人工智能实验室开发了一款开创性的计算机程序SHRDLU。作为人工智能早期的一次重要尝试，SHRDLU展示了计算机如何通过自然语言理解来执行和响应用户的指令。在这个程序中，用户面对的是一个虚拟的"积木世界"，他们可以通过键盘输入来控制环境，执行移动、查询和命名等操作，与虚拟对象进行互动。

程序的名称"SHRDLU"是根据打字机键盘上字母键的排列顺序命名的，这些字母按照在英文中出现的频率降序排列。SHRDLU 的设计初衷是探索和展示计算机在理解和处理自然语言方面的能力。通过对积木世界中的对象进行操作和响应查询，SHRDLU 能够展示基本的语义理解、记忆以及推理能力。

SHRDLU程序的核心功能在于其对自然语言的理解和处理。这一过程分为语法分析、语义理解和命令执行三个关键步骤。首先，SHRDLU利用语法分析器来识别输入句子的结构，确定哪些词是动词、形容词或名词等，从而理解句子的基本构成。

接着，程序通过语义分析进一步理解句子的含义，比如区分"放置"和"取下"这样的动作指令，以及这些动作所指的具体对象和目标位置。

理解了指令之后，SHRDLU会在其模拟的积木世界中执行相应的操作。不仅包括模拟物理动作，如移动积木，还包括更新和管理环境状态。更厉害的是，SHRDLU还能够回答有关环境状态的问题，例如"哪个方块在最上面？"或"有多少方块在绿色方块上？"这显示了它在信息存储和检索方面的能力。

下面是SHRDLU的一个知名演示：

人物：拿起一个红色的大积木。

计算机：好的。（执行了）

人物：抓住那个金字塔。

计算机：我不明白你指的是哪个金字塔。

人物（改变主意）：找一个比你手上的积木更高的积木，把它放进箱子里。

计算机：你说的"它"，我猜是指比我手里的积木更高的那个。

计算机：好的。（执行了）

人物：箱子里有什么？

计算机：一个蓝色的金字塔和一个蓝色的积木。

人物：金字塔下面是什么？

计算机：箱子。

人物：有多少块积木不在箱子里？

计算机：有四块。

人物：至少有一个比我给你拿的那块窄吗？

计算机：是的，那个红色的立方体。

人物：它被支撑着吗？

计算机：是的，被桌子支撑着。

人物：桌子能拿起积木吗？

计算机：不能。

人物：金字塔可以支撑积木吗？

计算机：可以。

人物：一个金字塔可以支撑另一个金字塔吗？

计算机：我不知道。

人物：把两个金字塔叠起来。

计算机：我做不到。

人物：请把两个红色的积木叠起来，再叠一个绿色的立方体或一个金字塔。

计算机：好的。（执行了）

人物：哪个立方体在桌子上？

计算机：一个大的绿色立方体，它支撑着红色的金字塔。

人物：有一个小积木在金字塔后面吗？

计算机：是的，有三个：一个大的红色积木、一个大的绿色立方体和一个蓝色的积木。

人物：把一个最小的放在支撑金字塔的绿色立方体上。

计算机：好的。（执行了）

人物：把最小的金字塔放在它上面。

计算机：好的。（执行了）

人物：最矮的东西支撑着最高的金字塔的支撑物是否支撑任何绿色的东西？

计算机：是的，绿色的金字塔。

人物：它是什么颜色的？

计算机：你说的"它"，我猜是指支撑着最高的金字塔的支撑物支撑的最矮的东西。

计算机：红色。

人物：有多少东西在绿色立方体上面？

计算机：我不确定你说的"在绿色立方体上面"是什么意思。

你的意思是：

1 - 直接在表面上。

2 - 在顶部的任何位置？

人物：2

计算机：有三个。

人物：在你把绿色金字塔放在小立方体上之前，你碰过任何金字塔吗？

计算机：是的，那个绿色的。

人物：你什么时候拿起它的？

计算机：当我在堆叠红色立方体、一个大的红色积木和一个大的绿色立方体的时候。

人物：为什么？

计算机：为了摆脱它。

人物：你为什么要摆脱它？

计算机：为了清理红色立方体。

人物：你为什么要清理那个立方体？

计算机：为了把它放在一个大的绿色立方体上。

人物：你为什么那么做？

计算机：为了堆叠起红色立方体、一个大的红色积木和一个大的绿色立方体。

人物：你为什么那么做？

计算机：因为你让我这么做。

人物：你是怎么做的？

计算机：先把一个大的红色积木放在桌子上；然后放开它；然后把一个大的绿色立方体放在它上面；再放开那个立方体；然后把红色立方体放在那个立方体上；再放开那个立方体。

人物：你做这件事的时候碰了多少个物体？

计算机：四个。

人物：在你开始清理红色立方体之前，它支撑着什么？

计算机：绿色的金字塔。

人物：那时箱子左边有五个方块。

计算机：不，只有四个：红色立方体、两个大的绿色立方体和一个大的红色积木。

人物：把蓝色金字塔放在箱子里的积木上。

计算机：好的。（执行了）

人物：有没有比每个金字塔都大，但不如支撑它的东西宽的东西？

计算机：是的，蓝色的方块。

人物：一个"塔"是什么？

计算机（打断）：对不起，我不知道"塔"这个词。

人物：一个"塔"是由两个绿色立方体和一个金字塔组成的堆叠。

计算机：我明白了。

人物：现在有塔吗？

计算机：没有。

人物：建一个。

计算机：好的。（执行了）

人物：把最大的积木叫作"超级积木"。

计算机：好的。

人物：从我们开始以来，你拿起过超级积木吗？

计算机：是的。

人物：你为什么把它放下？

计算机：你说的"它"，我猜是指超级积木。

我无法解释一个不存在的事件。

人物：红色金字塔的右边有什么？

计算机：有四样东西：箱子、红色立方体、蓝色金字塔和被称为
超级积木的积木。

人物：谢谢。

计算机：不客气！

　　该程序在自然语言处理（NLP）和自然语言理解（NLU）领域的发展
中起到了里程碑式的作用。它不仅展示了计算机处理自然语言的潜能，也
为后续的语言处理技术，如聊天机器人和语音激活技术的发展奠定了基
础。尽管SHRDLU的语言理解能力仅限于简单的命令和预定义的词汇，但
它在当时代表着技术的一大进步。

SHRDLU的发展也揭示了当时人工智能研究的一些限制和挑战，例如程序依赖于限定的语言和环境，难以处理更复杂的现实世界情况。

专家系统的发展

LISP和专家系统的诞生

专家系统的研究始于20世纪50年代，这一时期是人工智能研究的初步探索阶段。在这个阶段，技术与理论的结合催生了一系列创新性的发展，特别是在解决复杂问题的应用领域。其中，"通用问题求解器"（General Problem Solver，GPS）是当时的一项重大突破。GPS旨在模拟人类解决问题的方式，其应用范围极为广泛，从定理证明到几何问题解决，再到国际象棋的策略制定。GPS的开发不仅展示了机器在执行特定任务方面的潜力，还为后来的专家系统在理论基础和架构设计上提供了重要的参考。

与此同时，麻省理工学院的约翰·麦卡锡也取得了重要的技术进展，他发明了LISP编程语言，这是一种专门为人工智能研究设计的编程语言。麦卡锡原本考虑与IBM合作，升级现有的FORTRAN编程语言，希望通过这种方式推动计算机科技，尤其是在人工智能领域的发展。然而，当时社会对计算机可能取代人类工作的担忧正处于高潮，IBM作为计算机行业的领头羊，非常重视其公众形象和市场需求。为了避免进一步引发潜在客户的恐慌，IBM最终决定撤回对人工智能领域的投资，转而强调其产品的非智能特性和对人类指令的依从性。

IBM的决策对麦卡锡的研究计划造成了重大打击。计算机被有意地描绘成仅仅是快速而机械的计算工具，这与麦卡锡将计算机视为智能机器的愿景背道而驰。因此，麦卡锡放弃了改进FORTRAN的计划，转而着手开发一种全新的编程语言，目标是通过编程来模拟更高级的思维和决策过程，进而推动计算机科学的进步。

1957 年的 IBM 704

1957年，苏联成功发射了人类历史上的第一颗人造卫星，这一事件让美国总统艾森豪威尔感受到了科技竞争的压力，担心美国在科技领域可能落后于苏联。为了加快科技进步的步伐，艾森豪威尔迅速成立了先进研究计划署（Advanced Research Projects Agency, ARPA）。这个机构最终成为互联网的摇篮。ARPA的作用类似于一个大型的政府引导基金，其目标是促进高校科技成果的转移和转化。

政府对科学家们寄予厚望，希望他们能够取得重大的科学成就，尽管它自己对于"重大成就"的具体定义并不十分明确。即便在缺少详尽书面提案的情况下，麦卡锡和明斯基还是轻松地获得了资金支持，并利用这笔资金在麻省理工学院成立了人工智能研究室。他们的研究室设备先进，配备了键控打孔机，还有一名秘书、两名程序员和六名数学专业的研究生。

这个新开发的编程语言被命名为LISP（List Processing language），也就是"列表处理语言"。

LISP作为历史上最早的高级编程语言之一，其核心特性之一是其独特的表达式结构，它基于符号表达式。这种结构使得程序和数据采用相同的结构进行表达，极大地简化了程序的编写和理解。在LISP中，函数和数据都可以作为列表来处理，这种一致性为函数式编程提供了理想的模型。函数可以轻松地操作其他函数，或者创建并返回新的函数。LISP中的"代码即数据"（code-as-data）概念是一项创新，它允许开发者编写强大的宏，这在当时的其他编程语言中是相当罕见的。

LISP还具备动态类型系统，它支持在运行时创建和操作结构，如列表和符号，这为处理不定形或半结构化数据提供了极大的灵活性。动态类型系统在早期人工智能研究中尤其有用，因为那时的问题和数据集往往不像现在这样标准化。

在人工智能领域，LISP之所以成为重要语言，部分原因是其强大的符号处理能力。AI领域的很多早期工作，如自然语言处理、机器学习和专家系统，都依赖于复杂的符号推理和处理。LISP的设计非常适合这些任务，因为它可以轻松地处理复杂的逻辑结构和模式。

LISP在人工智能社区中广泛使用的另一个原因是其高度的可扩展性和灵活性。这种特性使得研究人员能够迅速进行实验和原型设计，尝试新的算法。在探索新理论和进行快速迭代时，LISP的灵活性显得尤为宝贵。LISP的宏系统和元编程能力允许语言根据需要进行定制和扩展，这进一步增强了其灵活性。

在20世纪70年代和80年代，计算机科学和人工智能研究迅速发展，LISP语言的这些优势使它成为人工智能研究的首选工具。许多重要的人工智能系统和研究项目，包括早期的自然语言处理系统和第一个专家系统，都是用LISP开发的。

专家系统的繁荣

让我们先来了解一下专家系统到底是什么。

专家系统是一种复杂的计算机程序，设计上模仿人类专家在一个或多个特定知识领域内的决策过程。这种系统主要由三个组成部分构成：首先是知识库，存储了丰富的事实和规则，反映了人类专家的专业知识和经验；其次是推理引擎，负责处理问题并决定使用哪种逻辑推理方法来解决这些问题；最后是用户界面，它允许用户与系统进行交互，提出问题并获取答案。

专家系统的特性可以从几个关键方面来识别：

（1）采用符号逻辑进行操作，不仅仅是基于数字计算，这让处理过程更贴近人类的思维模式。

（2）以数据为导向，能够处理和分析庞大的信息量。

（3）包含专门针对特定领域的丰富而详细的知识库，这是系统能够智能响应咨询的基础。

（4）能够以用户易于理解的方式解释推理过程和结论，这增强了用户对系统操作透明度的认识。

这样的系统设计使计算机不仅能执行复杂任务，还在某种程度上模仿了人类的决策过程，提供了一种智能化的问题解决方案。

· DENDRAL

最有影响力的早期专家系统之一是DENDRAL，这个名字来源于"树突算法"（Dendritic Algorithm），DENERAL的设计目的是帮助有机化学家通过分析质谱数据并运用化学知识，来识别未知的有机分子。这个项目由斯坦福大学的爱德华·费根鲍姆（Edward Feigenbaum）、布鲁斯·布坎南（Bruce G. Buchanan）、乔舒亚·莱德伯格（Joshua Lederberg）和卡尔·杰拉西（Carl Djerassi）领导，他们与一群极具创新能力的研究助理和学生一起完成了这一重大成就。

　　费根鲍姆毕业于卡内基梅隆大学，是西蒙和纽厄尔的得意门生，而莱德伯格则因发现细菌遗传物质及基因重组现象而获得1958年的诺贝尔生理学或医学奖。

　　DENDRAL被誉为首个实际运用的专家系统，它实现了有机化学家决策过程的自动化，彻底改变了他们解决问题的方式。项目团队开发了两个核心程序——启发式Dendral和Meta-Dendral，以及几个辅助子程序。DENDRAL不仅自身具有划时代意义，其架构和方法论还催生了包括MYCIN、MOLGEN、PROSPECTOR、XCON和STEAMER在内的多个后续专家系统。这些系统继承了Dendral的核心理念，进一步扩展了专家系统在各个领域的应用。

　　· MYCIN

　　在20世纪70年代，第一代成熟的专家系统已经出现，其中最有代表性的莫过于MYCIN系统。"MYCIN"这一名称来源于抗生素的英文词后缀"mycin"，反映了其在医学领域的应用焦点。MYCIN是首批证明人工智能可以在关键领域超越人类专家的系统之一，为之后无数专家系统的设计提供了范例。

　　MYCIN系统专注于医学诊断，尤其是在人类血液疾病方面，提供了专家级的诊断建议。这个系统是在斯坦福大学一个跨学科团队的合作下开发的，其中包括布鲁斯·布坎南（Bruce Buchanan）领导的人工智能实验室专家团队和特德·肖特利夫（Ted Shortliffe）领导的斯坦福医学院专家团队。MYCIN项目之所以取得巨大成功，关键在于它的开发过程中有实际领域的人类专家直接参与，确保了系统能够提供精准有效的医疗建议。

　　尽管许多后续的专家系统因缺乏足够的领域专家支持而失败，但MYCIN的成功凸显了专家系统在特定领域的巨大潜力和实用价值。通过实际专家的参与，MYCIN有效地模拟了专家的决策过程，提供与人类专家相媲美甚至更优的诊断建议，这在医学人工智能应用中树立了一个重要的里程碑。研究团队投入了大约五年的时间来构建和完善MYCIN的知识库，最终版本中包含了数百条规则。MYCIN之所以被视为极具代表性的专家系统，是因为它集成了后续专家系统不可或缺的所有关键特性。

MYCIN的操作方式与人类专家相似——系统会向用户提出一系列问题，并记录用户的反馈。这种模式成为专家系统的标准操作模型，而MYCIN主要执行的诊断任务也成为专家系统的常规任务。

MYCIN的推理过程是透明且可解释的。在人工智能应用，尤其是涉及关键决策的场景中，例如，MYCIN所处理的医疗诊断，治疗方案可能直接关乎患者生死。因此，系统必须赢得用户的信任，而解释其建议的合理性是建立这种信任的关键。如果一个系统像"黑盒"一样运作，无法证明其建议的合理性，通常会遭到用户的强烈质疑。但MYCIN能够清晰地展示其推导结论的逻辑链，即触发的规则及其背景信息都是可追踪的。虽然这种能力可能并非理想中的完美，但它足以让用户追溯和理解系统的运作机制。

此外，MYCIN还能处理信息的不确定性。在现实世界中，用户提供的信息有时并非完全可靠或精确。处理这种不确定性是对专家系统及人工智能系统的常见要求。例如，患者的血液检测结果呈阳性，这虽然提供了强有力的证据，但检测结果仍有可能出现误差，例如"假阳性"或"假阴性"。同样，某些症状虽然可能暗示特定的疾病，但并不能确定患者是否真的患有该病。因此，专家系统必须采取谨慎的方式考虑这些信息，以做出更准确的判断。

正是由于这些原因，MYCIN从来没有真正在临床实践中使用过，更没有被商业化。

· R1/XCON

美国数字设备公司（DEC）开发的R1/XCON系统，是专家系统在商业应用中的典范之一，主要用于配置VAX系列计算机。在20世纪80年代，R1/XCON系统成功处理了超过8万份订单，当时系统内包含3000多条规则和5500个不同的组件。随着时间的推移，到了20世纪80年代末，该系统的规则数量增至17500多条。开发者报告称，R1/XCON为DEC公司节省了4000多万美元。这个系统的成功不仅证明了专家系统在处理复杂和技术性任务方面的能力，还彰显了人工智能在实际商业运作中的有效性和经济价值。

· PROSPECTOR

斯坦福国际研究院开发了一个专门用于矿产勘探的专家系统——PROSPECTOR。它的工作流程是：首先让作为用户的勘探地质学家输入待检矿床的特征，如地质环境、结构、矿物质类型等。然后，程序将这些特征与内置的矿床模型进行匹配，必要时让用户提供更多信息。最后，系统根据输入的数据对待检矿床做出评估，并给出结论。

在勘探地质学领域，由于信息不完整或模糊，不确定性往往是决策过程中的关键因素。为了有效应对这种不确定性，PROSPECTOR系统采用了基于概率统计理论的"主观贝叶斯方法"。

贝叶斯方法是一种统计学上的推断方法，它帮助我们根据已有的知识和新收集到的数据来更新对未知事物的认识。这个方法的核心思想是，利用已有的经验（先验知识）来预测新情况，然后通过观察新数据来修正我们的预测。

以预测明天是否会下雨为例，你可能会考虑一些因素，比如天气预报、云的形状、气压等。这些就是你的先验知识。当天气预报说明天有80%的可能性会下雨时，你会结合这个信息和其他因素来调整你的预测。

主观贝叶斯方法是贝叶斯方法的一种变体，它允许我们根据个人的主观判断来确定先验知识。比如，如果你认为自己的判断比天气预报更准确，你可能会更倾向于相信自己的判断。

总的来说，贝叶斯方法和主观贝叶斯方法都是帮助我们利用已有知识和新数据进行预测或推断的有效工具。这种方法使得PROSPECTOR系统的性能达到了专业地质学家的水平，并在实践中得到了验证。

1980年，PROSPECTOR系统在华盛顿州托尔曼（Tolman）山脉附近成功识别了一个钼矿床。一家采矿公司随后对这个矿床进行了开采，最终证实其价值达到了1亿美元。这个案例彰显了专家系统在商业应用中的巨大潜力和价值，引起了各个行业对专家系统的重视和关注。

• Prolog

在欧洲，专家系统的研究同样活跃，不过与美国的研究焦点有所不同。美国的研究主要集中在基于LISP编程环境的硬编码生产规则系统，以及由供应商如IntelliCorp开发的专家系统外壳。相比之下，欧洲的研究更倾向于利用Prolog编程语言来开发系统和专家系统外壳。Prolog的优势在于其基于形式逻辑的规则驱动编程

Symbolics 3640 基于 LISP 的专家系统

Symbolics 的键盘

方式，这使得它在逻辑人工智能领域表现出色。

Prolog 是由美籍英国研究员鲍勃·科瓦尔斯基（Bob Kowalski）和法国马赛的研究员阿兰·科尔默劳尔（Alain Colmerauer）以及菲利普·罗塞尔（Philippe Roussel）共同发明的。20 世纪 70 年代初，科瓦尔斯基首先提出了使用一阶逻辑规则构建编程语言的想法，尽管他提出了这个创新概念，但具体的实现细节则是在 1972 年他访问法国后，由科尔默劳尔和罗塞尔完成的。

基于Prolog开发的早期专家系统之一是APES。Prolog与APES的一个应用案例是在法律领域，具体是对《英国国籍法》的大部分内容进行编码。这一应用展示了Prolog在处理复杂和规则密集型知识领域中的潜力，证明了它不仅仅是一个理论上的工具，更具有实际应用价值。

人工智能的寒冬

但是没多久，专家系统这一术语及独立人工智能系统的概念就从信息技术行业的常用词汇中逐渐淡出了。这一现象的出现可以归因于几个关键因素。

首先，专家系统的衰落与所谓的"人工智能冬天"有关。这主要是由于政府对人工智能研究资金的大幅削减。资金的减少通常是基于一些对AI技术的近期发展持悲观看法的报告。其中最著名的包括美国政府在1966年发布的自动语言处理咨询委员会（ALPAC）报告和英国政府在1973年发布的莱特希尔报告。

其次，专家系统逐步边缘化也与人工智能研究初始的热情过后的急剧降温有关。在美国，机器翻译的进展曾是推动AI研究资金的主要因素之一，特别是在冷战背景下，对俄语的自动翻译受到政府的高度重视。1954年，机器翻译领域迎来了一个里程碑事件——乔治敦-IBM实验。这次实验首次展示了计算机翻译语言的潜力。尽管该系统的能力有限，仅能处理六种翻译规则和250个词汇，并且专注于有机化学领域，但其公开展示却引起了广泛的社会反响。《纽约时报》在次日头版大幅报道了此事件，标题为"俄语被快速电子翻译成英语"。这一报道随后被全国各大报纸和杂志纷纷转载，成为关于机器翻译最广为人知的案例之一。

自1956年6月起，美国开始投资机器翻译的研究工作，但接下来的十年中，这项研究进展缓慢。这一现状促成了自动语言处理咨询委员会（ALPAC）的成立，以探究背后的原因。ALPAC的报告在机器翻译的历史上标志着一个转折点，其影响深远，并常被认为是该领域内最重要的事件之一。

这份报告不仅终止了美国对机器翻译研究的大规模资助，而且清晰地向公众和科学界传达了一个信息：机器翻译的前景不容乐观。这份报告对该领域的发展产生了长达二十多年的负面影响，导致公众和学术界对机器翻译的兴趣显著降低。

ALPAC的报告主要从经济效益角度来评估机器翻译研究，而非其科学价值的广泛性。报告强调，自动翻译研究需要展现出清晰的商业应用前景，能够迅速降低成本、显著提升性能或满足特定的商业需求。

ALPAC报告首先调查了学术界和政府部门对俄语翻译的需求与供应情况。报告指出，尽管联合出版研究服务处约有4000名注册翻译员，实际上每月仅有大约300名翻译员被实际使用。因此，该报告强调，机器翻译要证明其研究价值，必须在翻译质量、速度和成本方面实现明显提升。遗憾的是，当时的机器翻译技术在这些方面的表现尚未达到令人满意的水平。

在输出质量方面，机器翻译系统存在的问题尤为显著。ALPAC报告指出，机器翻译生成的文本往往需要经过大量的后期编辑才能确保其可读性。在某些情况下，所需的编辑工作量甚至超过了完全人工翻译所需的时间。更加严重的是，机器翻译的输出结果常常具有误导性和不完整性，这严重限制了其在实际应用中的价值。

报告中还对比了当时最新的机器翻译系统的输出和十几年前乔治敦-IBM实验的翻译结果。令人意外的是，早期乔治敦-IBM实验系统的输出质量相对较高，且所需的后期编辑较少，这似乎表明了机器翻译技术在某种程度上的退步。尽管许多研究者对这种比较方法持批评态度，指出其存在缺陷，主要是因为乔治敦-IBM实验使用的是专为特定目的设计的固定输入系统，而当时的机器翻译系统则设计为处理更广泛的、非特定的输入。这种比较结果依然对公众和资助者的信心产生了不小的负面影响。

另外一个有深远影响的报告是"莱特希尔报告"。这份由剑桥大学的詹姆斯·莱特希尔爵士于1973年撰写的研究论文，正式名称为《人工智能：总体调查》，对人工智能的未来表达了悲观的观点。他指出，尽管人工智能领域获得了一些科学发现，但这些成果远未达到先前的预期和承诺。值得注意的是，莱特希尔教授本人主要研究流体力学，对人工智能知之甚少，他的观点却在学术界和政策制定中引发了广泛的讨论和重视。这篇论文的发布最终导致英国政府大幅削减对人工智能研究的资助，仅剩下为数不多的几所大学能继续获得政府支持。

在报告中，莱特希尔将人工智能技术细分为三大类。A类主要涉及已在特定领域取得实用进展的先进自动化或应用技术。C类则专注于探索中枢神经系统，从生物学角度解读智能的机制。介于两者之间的B类技术则扮演着桥梁的角色，其核心价值在于为A类和C类技术提供必要的支持和深入见解。

在"过去的失望"一章中，莱特希尔分析了人工智能面临的众多局限和难题。他举了飞机自动着陆系统的例子，指出使用传统的无线电波技术比采用人工智能更为有效。尽管人工智能可能对处理不可预测的环境下的飞机着陆有所帮助，但当前的人工智能技术还远未准备好在实际场景中广泛应用。

此外，他还评论了当时的国际象棋程序发展状况，指出这些程序的水平大致相当于"经验丰富的业余选手"，从而强调了人工智能在模拟高级认知过程方面的局限性。莱特希尔批评了人工智能需要大量特定领域的知识才能有效运行，且普遍缺乏自主学习和知识获取的能力，这限制了其在更复杂环境中的应用前景。

他还提及了"组合爆炸"问题，即人工智能技术在实验室环境中处理小规模问题时表现优异，但面对更大规模的实际问题时则常显得力不从心。这一观点突显了人工智能发展中需克服的一大难题：如何让这些系统能够在更广泛和更复杂的现实世界场景中有效运行。

在这两份报告的影响下，人工智能的资金支持遭到了严重削减。然而，这两份报告并不是全部的原因。

一方面，早期的人工智能研究主要集中在开发能够执行特定任务的系统上，但扩展这些成功以覆盖更广泛的智能行为证明比预期更为复杂。这些早期系统在应对复杂多变的现实世界问题时显露出了明显的局限，技术和理论的不足是主要障碍之一。例如，虽然感知机模型理论上奠定了神经网络的基础，但它处理不了非线性问题，限制了其广泛应用。此外，基于规则的专家系统虽表现优越，但过度依赖人工编写的规则，难以适应不断变化的环境。

另一方面，早期人工智能研究的根本性误区在于低估了智能行为的复杂性和多样性。仅仅模仿人类智能的某些外在特征，并不能真正达到深层次的理解和智能决策。例如，尽管ELIZA程序能模仿心理治疗师与患者的对话，给人一种表面的"理解"错觉，但它实际上并不具备真正的语言理解能力。

此外，经济和社会因素也对人工智能的发展产生了影响。随着早期研究成果未能达到公众和资助者的高期望，对人工智能领域的投资和支持开始减少。同时，对于人工智能可能带来的伦理和社会问题的担忧也开始增加，这些问题的复杂性为人工智能研究的进一步发展增添了障碍。研究者们为了继续获得资金支持，不得不将他们的项目用不同的名称来包装。这个时期出现了多个含糊其词且带有强烈人工智能特征的术语，如"机器学习""信息学""基于知识的系统"和"模式识别"等。这些重新命名的学科不仅让人工智能领域在困境中艰难前行，而且也代表着该领域适应变化环境、寻求生存与发展的策略。

但事实上，专家系统在这期间并没有完全衰落，也就是说，人工智能的寒冬对专家系统虽然有冲击，但并不是毁灭性打击。

在20世纪80年代，专家系统还在陆续推出。许多大学纷纷开设了与之相关的课程，而在美国，大约三分之二的财富500强公司已将这项技术融入其日常运营之中。专家系统不仅在美国受到青睐，在国际上也引起广泛关注，例如，日本推出了第五代计算机系统项目，而欧洲则增加了对相关研究的资金支持。

专家系统的成功点燃了人们对智能技术的热情，这种热情几乎达到迷恋的程度。在商业领域，专家系统被视为保持技术领先优势的关键竞争利器。到了80年代末，据《财富》杂志报道，超过半数的财富500强企业已经投身于专家系统的开发和维护，表明这项技术在行业中的普遍认可和广泛应用。专家系统的应用领域正在以每年30%的速率迅速扩展。

在这个时期，许多领先的科技企业和顶级学术机构，如数字设备公司、德州仪器、IBM、施乐公司和惠普公司，以及麻省理工学院、斯坦福大学、卡内基梅隆大学和罗格斯大学等，都积极投身于专家系统技术的研究与开发。这些组织的共同努力不断推动了专家系统技术的创新和广泛应用。

随着个人电脑革命的兴起，性能优越而成本低廉的个人电脑开始普及，这进一步削弱了LISP机器在市场上的竞争力。一些曾经专业制造LISP机器的公司，如Symbolics、LISP Machines Inc.和Lucid Inc.，发现自己在日益激烈的市场竞争中难以为继。面对技术进步和用户需求的变化，人工智能市场不再愿意为这些专用而昂贵的机器支付高昂的价格。结果，这些致力于LISP机器的企业逐渐关闭，标志着一个技术时代的结束。

第四章

异军突起：
日本与第五代计算机

什么是第五代计算机

日本的战后经济

在20世纪70年代和80年代，日本科技迅猛发展，标志着日本从战后重建期向全球科技巨头的华丽转变。在创新的推动和政府的积极支持下，日本在多个关键科技领域取得了全球领先的成就，如消费电子、汽车工业、半导体技术以及机器人技术等。日本的进展不仅加速了国内经济增长，而且对全球科技的发展产生了持久影响。

在这一时期，日本的消费电子行业经历了前所未有的增长和创新，尤其是索尼（Sony）推出的随身听Walkman，革命性地改变了人们聆听音乐的方式，开创了便携式娱乐设备市场的新纪元。索尼的Walkman首次面世于1979年，它的出现使得音乐从此成为一种个人和移动的体验，极大地满足了当时年轻人对音乐与流行文化自由表达的需求。

　　索尼Walkman的设计独具匠心，它体积小巧，易于携带，而且采用了磁带作为媒介，这在当时是一种广泛使用的存储音乐的方式。随身听的内部采用了一种紧凑的磁带驱动机制，这一机制配合其低功耗电路设计，确保了设备既能提供长时间的播放，又不会因电池消耗过快而影响使用体验。此外，索尼在耳机设计上也进行了重大改进，不仅提高了音质，还考虑到了长时间佩戴的舒适性，使得用户在进行户外活动或通勤时都能享受高质量的音乐体验。

1979 年索尼的 Walkman

　　松下（Panasonic）则推出了标志性的VHS录像机。在20世纪70年代末到80年代初，VHS与索尼的贝塔（Beta）格式之间展开了激烈的市场争夺战。尽管贝塔格式在视频质量上具有一定优势，但VHS凭借其更长的录制时间、更高的成本效益以及更友好的用户操作界面，最终赢得了青睐。VHS录像带可以提供高达两小时甚至更长的录制时间，这对于家庭用户录制电视节目或拍摄家庭视频来说，拥有巨大的吸引力。此外，VHS录像机的制造成本相对较低，使得更多的家庭能够承担得起，从而推动了VHS格式在全球范围内的普及。

与此同时，夏普（Sharp）在液晶显示技术（LCD）方面的突破也极大地推动了移动设备及现代显示技术的发展。1973年，夏普首次在口袋计算器中使用了液晶显示屏，这标志着LCD技术商业化应用的开始。此后，夏普将这一技术扩展到了更广泛的应用领域，包括电视和计算机显示器。

液晶显示屏比传统的阴极射线管显示器更薄、更轻、能耗更低，并提供更柔和的视觉效果。它不仅让个人电脑和电视设计得更加时尚和便携，而且其低能耗特性也满足了当代消费者对环保和能效的需求。夏普的这一创新，无疑为便携式电子产品和现代家电设计提供了理想的技术选择。

夏普的随身电视

日本汽车制造业在这一时期也取得了显著成就，标志着其工业和技术实力的全面崛起，而且在全球范围内重新定义了汽车生产的质量和效率标准。丰田（Toyota）、本田（Honda）和日产（Nissan）这三大汽车制造商通过在技术创新、生产管理和质量控制方面的持续突破，提升了自身的竞争力，更推动了全球汽车工业的发展。

特别是丰田，其开发的精益生产系统（Toyota Production System，TPS）在全球制造业中产生了深远的影响。TPS以"完全消除浪费"

为核心目标，采用了一系列革命性的生产管理原则，包括持续改进（Kaizen）、即时生产（Just-In-Time，JIT）和自动化（Jidoka）。这些原则不仅显著提升了生产效率，而且极大地提高了产品质量。通过JIT系统，丰田能够减少库存成本，加快生产流程，确保零件的及时供应。而自动化的引入，例如自动停机功能，在发现生产缺陷时立即中断生产，既减少了缺陷产品的产生，又保护了生产线的运作效率。

本田和日产也不甘落后，本田在发动机技术和环保技术上取得了显著进展，推动了混合动力和电动汽车技术的发展。日产则以其在汽车设计和市场营销上的独到之处，成功打入北美市场，与当地的汽车制造商展开了激烈的竞争。

卡罗拉是 20 世纪 80 年代世界销量最高的车型

在这个阶段，日本在半导体技术领域，尤其是在动态随机存取存储器（DRAM）方面也取得了显著的进展。DRAM在计算机和其他电子设备中扮演了关键的存储技术角色，它的性能提升在很大程度上决定了整个系统的效率和能力。日本公司在这一技术上的突破不仅加强了其在全球半导体市场的地位，而且也促进了国家整体技术进步和经济发展。

DRAM的概念最初由IBM的工程师罗伯特·登纳德（Robert H. Dennard）在1966年提出，他发现了一种使用金属氧化物半导体（MOS）晶体管制造存储芯片的新方法。这一发现使得存储设备在体积、成本和能效方面都有了显著的改进。1968年，IBM为DRAM申请了专利，预示着这种新型存储技术的商业化潜力。

然而，IBM在同年遭到美国司法部的反垄断调查，这一调查主要针对其在计算机市场的主导地位。为了回应司法部对其"捆绑销售"行为的关注，并避免进一步的法律风险，IBM决定不自行生产DRAM，而是向外部供应商购买这一关键组件。这一决策虽然是出于自保的考虑，却意外地促使全球DRAM市场的竞争激化。

英特尔公司刚刚成立不久后，迅速在DRAM市场上占据了绝对优势。1970年，英特尔推出了其首款DRAM产品C1103，具有1KB的存储容量。随后几年，通过不断的技术迭代和创新，英特尔相继推出了多款DRAM产品，巩固了其在DRAM市场上的领导地位。在整个20世纪70年代，凭借其强大的研发能力和市场策略，英特尔几乎成为DRAM市场的霸主。

然而，英特尔并没有预见到很快就会有一个强大的竞争者出现在市场上，那就是日本。在最初的阶段，日本企业采取了与美国企业合作和为美国企业代工的策略，通过这些合作关系获得了关键的技术和生产经验。这不仅促进了日本本土半导体产业的快速成长，也使得日本的半导体产品开始在全球范围内广泛传播。尽管在技术上最初仍是跟随美国的步伐，但是日本很快意识到需要自主创新来扭转这一局面。

为了达到这一目标，1976年，日本通商产业省（Ministry of International Trade and Industry， MITI）发起了一个雄心勃勃的国家级项目——"超大规模集成电路"（Very Large Scale Integrated，VLSI）研发计划。这一计划集结了包括日立、三菱、富士通、东芝和日本电气等国内主要半导体制造商的力量，旨在加速半导体技术的发展，特别是DRAM，希望通过这一项目打破国外的技术垄断并在全球市场中取得领先地位。

日本通产省为VLSI项目投入了720亿日元（约合2.36亿美元）巨额补贴，而参与的各成员企业也不遗余力地投入了大量配套资金。这种公私合营的模式，加上在科技领域赶超美国的目标驱动，促使VLSI项目的成员企业无私地贡献各自的人力和物力资源。在这种强大的合力推动下，VLSI项目很快在DRAM市场上取得了显著的突破。

到了1980年，这种技术和市场的突破开始显现其成果。当年，惠普公司在一次针对DRAM的国际招标中发现，日本的DRAM芯片在质量、价格和交货时间方面明显超越了包括英特尔在内的美国竞争对手。这种竞争优势不仅来自于技术的先进性，还包括了制造效率的提升和成本控制的成功。日本企业凭借这些优势迅速占领了DRAM市场的高地。

进入20世纪80年代中期，市场形势进一步明朗化。曾是DRAM市场领头羊的英特尔，出于对市场前景和利润率的重新评估，决定退出DRAM市场。这几乎将美国市场的DRAM供应权交到了日本企业手中。随后，日本企业几乎垄断了整个美国的DRAM市场，其产品的高性能和极具竞争力的价格成为市场的标准。

在80年代中期，东芝公司开发了一种具有里程碑意义的存储技术——NAND型闪存。这种非易失性存储技术因其高存储密度、低成本和卓越的耐用性，迅速成为数码相机、移动电话和USB闪存盘等便携式电子产品的首选存储解决方案。东芝的这一创新不仅在技术层面引发了一场革命，更在全球范围内开启了移动计算和数字媒体消费的新时代。

NAND闪存的高效性能和经济性使其在消费电子市场迅速获得了广泛应用。它的存储单元能够在没有持续电源的情况下保持数据存储，这一特性极大地增强了便携设备的实用性和用户体验。与需要持续电源的传统磁盘驱动存储设备相比，NAND闪存的耐用性更强，抗震动和抗冲击能力更好，这使得它成为移动设备和外部存储设备的完美选择。

东芝在NAND闪存技术上的领先地位，为其在全球半导体市场中赢得了显著的竞争优势。

日本半导体产业的成功，不仅体现在其技术的领先性，还表现在其在全球供应链中的核心地位。通过高效的生产系统和严格的质量控制，日本半导体公司能够批量生产高质量的产品，满足全球电子产品制造商对半导体组件日益增长的需求。此外，日本在半导体生产设备和材料的研发方面也做出了重要贡献，推动了全球半导体制造业的进步。

1979 年东芝推出的第一台日语文字处理系统

第五代计算机项目的启动

日本通商产业省（2001年改组并更名为"经济产业省"）成立于1949年5月，由前商工省分离而来。其主要任务是协调与日本银行、经济企划院以及其他商业相关的内阁部门的国际贸易政策。当时，日本正从二战后的经济灾难中缓慢恢复，面临着通货膨胀和生产力不足的困境，政府迫切需要一个更有效的机制来复兴日本经济。

通商产业省不仅负责出口和进口，还负责所有未由其他部门具体负责的国内行业和企业的工作，这包括投资工厂和设备、污染控制、能源和电力、部分对外经济援助以及消费者投诉等方面。这一职责范围使得通商产业省能够整合如污染控制与出口竞争等可能冲突的政策，以尽量减少对出口行业的损害。作为工业政策的设计者、工业问题与争议的裁决者和监管者，通商产业省的主要目标是加强国家的工业基础。它并没有像中央计划经济那样管理日本的贸易和工业，但它通过行政指导和一些手段对现代化、技术、新工厂和设备的投资、国内外竞争等方面给予产业支持。通商产业省与日本工业的密切关系导致了其外贸政策往往与提高国内制造业利益的努力相辅相成。通过提供免受进口竞争的保护、技术情报、协助获得外国技术许可、获取外汇和支持企业合并等方式，通商产业省促进了几乎所有主要行业的早期发展。

在20世纪70年代之前，通商产业省的指导在改善钢铁工业、建造超级油轮、发展汽车工业、消费电子产品等方面皆取得成功，尤其是DRAM的成功让通商产业省信心倍增。然而，面对信息技术时代的到来，日本在计算机领域仍然薄弱。为了克服这些障碍，通商产业省举办了一次会议，寻求专家的帮助，希望找到一条在计算机领域能够超车的弯道。

1978年，面对国际技术竞争日益激烈的局面，日本通商产业省委托了日本计算机界的重量级人物、时任东京大学计算机中心主任的元冈达（Tohru Moto-Oka）来研究下一代计算机系统。这一决定旨在把日本推向全球计算技术的前沿，并确保其在技术创新方面不落后于美国和欧洲的竞争对手。

经过三年的深入研究和技术评估，1981年，元冈达领导的委员会提交了一份详尽的报告，长达89页，标志着日本计算机科技的一个新起点。这份报告不仅关注硬件技术的进步，更强调了体系结构和软件的革新，提出第五代计算机应该超越传统的硬件工艺界限。报告的标题《知识信息处理系统的挑战：第五代计算机系统初步报告》本身就预示了这一代计算机技术的独特性和创新性。

报告中详细阐述了六种先进体系结构的构想，包括逻辑程序机、函数机、关系代数机、抽象数据类型机、数据流机，以及在冯·诺依曼机上的创新性改进。这些构想致力于推动计算机科技向更高效、更智能的方向发展，尤其是在处理复杂数据和算法时更加高效。

1981年，这份报告在日本信息处理开发中心（JIPDEC）举行的第一届第五代计算机会议上首次公开。这场会议不仅汇聚了国内众多科技领域的专家，还特别邀请了外籍嘉宾，包括专家系统的鼻祖、斯坦福大学的费根鲍姆和机器定理证明的元老、德国人沃尔夫冈·白贝尔。借此研究成果和国际合作的推动，日本随后启动了宏伟的第五代计算机项目（Fifth Generation Computer System，FGCS）。该项目负责人将这一努力描述为计算机技术的"划时代"飞跃，其目的明确——确保日本在未来数年内在全球技术竞争中保持领先地位。

FGCS项目的启动，不仅是对元冈达委员会报告的实践应用，也是日本政府对科技未来的一次大胆投资：力图通过创新来推动国家整体的科技进步和提升国际竞争力。

那到底什么是第五代计算机呢？前四代又是什么呢？

在20世纪60年代末到70年代初，计算机科学领域的核心讨论焦点之一是计算机硬件的"世代"分类。这一分类体系的建立有助于标识和理解计算机技术的历史发展轨迹及其技术演进过程。在这一时期，计算机的发展可大致分为几个明显的世代，每个世代的技术进步都标志着一次重大的突破和性能提升。

第一代计算机始于20世纪40年代中期，使用热离子真空管作为主要的电子组件。IBM公司在这一世代中发挥了领军作用，特别是它们将真空管集成到可插拔模块中，极大提高了维护的便捷性和系统的可靠性。IBM

650就是这一时期的代表作，它标志着计算机技术的商业化初步实现。

第二代计算机随着1956年晶体管的引入而兴起。晶体管的使用标志着计算机迷你化的开始，它们体积小、功耗低、发热少，使计算机设计更为紧凑，运行更为稳定。在这一代中，离散的晶体管被焊接在电路板上，通过电路板背面模板筛印的导电图案来实现互连，大大提高了组装效率和信号处理速度。IBM 7090便是这一时期的典型代表。

到1964年，第三代计算机出现，背后是集成电路技术的首次应用，这种技术集成了多个晶体管在硅芯片上。IBM 360/91使用的ACPX模块是这一代的标志性进展，该模块在陶瓷基板上叠加了多层硅片，每个芯片容纳了20多个晶体管，这些芯片密集地打包在一个电路板上，极大地增强了逻辑密度和处理能力。

除了这些已经明确分类的世代，一些早期的计算机使用了更原始的技术，如基于金属齿轮的IBM 407或基于机械继电器的Mark I，这些通常被视为"零代"计算机。随着技术的发展，超大规模集成电路的出现又推动了一种新的第三代计算机出现，这些计算机在处理能力和效率上有了质的飞跃。

在定义计算机的世代时，学者们有两种不同的分类方式：一种是按照机械继电器计算机、电子管计算机、晶体管计算机、集成电路计算机的顺序来区分；另一种则是按照电子管计算机、晶体管计算机、小规模集成电路计算机、大规模集成电路计算机来分类。无论采用哪种方法，都可以确实前面四代计算机的存在。

在探讨计算机硬件发展的同时，我们同样不能忽视软件的进化，其自身也形成了一个清晰的世代分类体系。

软件开发的最初阶段几乎是一种手工艺，开发者使用机器语言直接与硬件进行沟通。机器语言是第一代编程语言，由计算机的中央处理单元执行的二进制代码组成。这种语言虽然能够让程序员精确控制硬件操作，但编程过程极其烦琐且容易出错，因此只有少数专业程序员能够掌握。

为了简化程序设计，第二代编程语言，即低级编程语言，如汇编语言，应运而生。汇编语言使用一系列助记符代替二进制代码，使编程更加接近人类语言，从而降低了编程的复杂性。虽然汇编语言仍然需要密切关注计算机的硬件结构，但它使编程工作变得更容易一些，并允许更多开发者加入软件开发的行列。

随着第三代结构化高级编程语言的出现，软件开发迎来了一个重大的飞跃。这一时代的语言，如C、COBOL和FORTRAN，不仅使程序设计从硬件中解放出来，而且更加重视程序的结构和逻辑。这些语言支持复杂的数据结构和算法实现，极大地提高了软件开发的效率和程序的可维护性。它们的设计初衷是使软件开发更加符合人类思维方式，而不是仅仅适应机器的操作。

第四代语言则进一步从具体的编码实践中抽象出来，发展为"非过程"的高级编程语言，如面向对象的编程语言Java和C++。这些语言通过引入类和对象的概念，使软件能够更准确地模拟现实世界的复杂系统。面向对象的语言支持封装、继承和多态性，这些特性不仅提高了代码的重用性，也使得大规模软件开发变得更加可管理。

1979年，日本信息处理开发中心（JIPDEC）受通商产业省的委托，开始研究并指出未来计算机技术发展的可能方向，并在同年与工业界及学术界签订了为期三年的研究合同。此举不仅是日本自主技术探索的开始，也是"第五代计算机"这一术语首次被广泛使用的时期。

为了进一步推动这一战略转变，通商产业省成立了新一代计算机技术研究所（ICOT）。该研究所的目标非常明确——推进第五代计算机技术的研发，旨在突破传统计算机技术的限制，探索能够处理复杂信息处理任务的新型计算架构。为了实现这一宏伟目标，ICOT的项目被设计为一个为期十年的研发计划，分为三个主要阶段。

项目的第一阶段，即最初的三年，专注于基础研究和技术的初步探索。这一阶段的工作重点是对现有技术的深入分析和新技术概念的提出。

进入第二阶段，即随后的四年，研究的重点转向设计和生产关键的次要模块。这一阶段的目标是将第一阶段中提出的理论和概念具体化，通过设计和制造实验性的硬件和软件模块，为最后阶段的原型机开发打下坚实的基础。这些模块的测试结果将直接影响到最终原型机的设计和性能。

项目的最后三年则集中于开发和完善原型机。这一阶段是整个项目的高潮，原型机的成功开发将是对前两阶段研究成果的综合测试，同时也标志着第五代计算机技术从理论到实践的重大转变。

在整个ICOT项目的监督过程中，通商产业省不仅需要与日本财务省密切协作，确保预算的批准和适时分配，还需要管理来自日本技术公司的"借调"工人的工资和其他相关资源。这种借调策略不仅能充分利用私营部门的专业技能和经验，还预计能激发这些公司在第五代计算机系统项目取得突破后，对该技术的进一步投资和开发。

不过有趣的是，这款新一代计算机的设计理念明显偏离了传统路径，背离了依赖标准微处理器的常规做法。相反，它采用了一种专门为逻辑编程和处理设计的多处理器系统。这种系统的核心设计理念是建立在一项大胆的假设之上，即通过增强的逻辑处理能力，能够极大地推动信息技术的革新，并加速人工智能在实际应用领域的落地。项目的设计者和工程师们相信，这些多处理器计算机将成为催化信息处理领域革命的关键，特别是在推动人工智能的广泛应用方面发挥显著作用，如智能数据库查询、自然语言理解、复杂问题解决等。

这种设计的一个重要方面是放弃了传统的冯·诺依曼架构，该架构在当时几乎是所有主流计算机设计的基础。冯·诺依曼体系结构的基本特征是程序指令和处理数据在同一内存系统中存储，且按照顺序执行。然而，这种传统体系在处理大量并行操作和逻辑推理任务时效率低下。

新的计算机设计理念旨在创造一种更类似于人脑的工作方式的机器，不仅能够执行基本的计算任务，还能理解语言，解读文本，并且进行联想、推理和学习。

这样的技术愿景引领了计算机科学的新方向，即如何制造出能够辅助人类完成高级认知任务的机器。这包括让机器听懂人类的语言、读懂人类的书写文字，以及基于现有信息进行逻辑推理和学习。这不仅仅是技术上的革命，更是对人类工作方式和信息处理方式的一次深刻变革。

如果成功，这种新型计算机将超越简单的数据处理工具，成为人类智能的延伸。它将极大地增强人类处理复杂信息和进行决策的能力。

Prolog

尽管日本在半导体和消费电子产品等技术领域已经处于世界领先地位，但在基础科学研究和原创性技术开发方面，仍然落后于美国。日本政府意识到，要想在全球科技竞争中取得领先，必须大力支持计算机科学领域的基础研究和创新。同时，日本在举国体制下研发DRAM的成功，也增强了政府的信心。

该项目的核心是探索如何通过逻辑编程来实现人工智能，特别是如何让计算机更加高效地处理复杂的信息处理任务。

逻辑编程是一种基于逻辑的编程范式，它通过逻辑表达式来描述问题和推导解决方案。在这种编程方式中，程序员定义了一系列的事实和规则。事实是关于世界的陈述，如"汤姆是个人"。规则是描述事实之间关系的逻辑表达式，如"如果某人是人，则该人是凡人"。这些规则和事实构成了一个知识库，计算机通过逻辑推理来解决问题。

日本第五代计算机的研究重点之一是开发出能够执行这种逻辑编程的硬件和软件。这包括开发专门的逻辑处理器和高效的并行计算机架构，以支持大规模的逻辑推理任务。逻辑处理器是为了高效处理逻辑运算而设计的，而并行计算架构则使得多个处理器能协同工作，极大提高了处理速度和效率。

逻辑编程在人工智能领域特别有价值，因为它使计算机能够模拟人类的推理过程，从而解决诸如自然语言理解、复杂问题解决等任务。第五代计算机项目的目标是通过逻辑编程来实现计算机的高级智能功能，如理解自然语言、图像识别和专家系统的决策支持。

1982年，埃胡德·沙皮罗（Ehud Shapiro）在访问新一代计算机技术研究所期间，开创性地发明了并发Prolog，这是一种将逻辑编程与并发编程结合的创新型编程语言。并发Prolog作为一种面向过程的语言，引入了数据流同步和带守卫命令的不确定性这两种基本控制机制，这在当时是一种全新的尝试。沙皮罗在其标志性的ICOT技术报告中详细描述了这种语言，并展示了一个用Prolog编写的并发Prolog解释器的例子。

沙皮罗的工作对未来一代计算机系统项目的发展方向产生了重要影响。原本项目更多地聚焦于Prolog的并行实现，但在并发Prolog的概念提出后，项目方向转向了以并发逻辑编程为基础的软件开发。这种思路的转变不仅改变了FGCS项目的技术路线，也为后续研究提供了新的视角。并发Prolog的开发进一步启发了上田完成并发逻辑编程语言GHC（Guarded Horn Clauses），这种语言后来成为FGCS项目核心编程语言KL1的基础。

与此同时，日本电报电话公司NTT的武藏野实验室等机构在AI和逻辑编程的探索中，仍然更倾向于使用成熟的函数式编程语言LISP，这是美国人工智能研究的标准工具。决定FGCS项目最终技术路线的关键人物是渕一博（Kazuhiro Fuchi），他不仅是ICOT的所长，还是整个项目的思想领袖。

在一个关键的会议上，渕一博发表了一篇极具影响力的论文，强调了逻辑编程和Prolog的重要性，并突出了这种编程语言的独特优势。他指出，与美国主导的LISP不同，Prolog为日本在全球计算机科学领域占据领先地位提供了一个极佳的机会。渕一博的这种观点不仅基于技术考量，还深受当时日本民族自信心的影响。

在这期间，古川康一（Koichi Furukawa）被派往美国，成为斯坦福国际研究院的访问学者。他在那里的导师是巴罗（Harry Barrow）。巴罗最近从沃伦（Warren）手中购得了一套Prolog解释器，但由于他自己没有时间去深入研究，便将这项任务交给了刚来的古川康一。

古川康一接受了这一挑战，并迅速在斯坦福研究所的DEC-10计算机上成功运行了Prolog。这一成就不仅加深了他对逻辑编程语言的理解，也使他成为日本少数几位拥有Prolog实战经验的专家之一。回国后，他的这一技能和经验得到高度认可，使他顺利加入了刚成立的第五代计算机研究所（ICOT）。

在ICOT，古川康一的职责迅速增加，不久后他被提升为副所长。在这个职位上，他不仅参与了许多关键的技术决策，还代表ICOT与欧洲的多个大学和研究机构进行了广泛的交流与合作。古川的目标是通过这些国际合作，吸引更多的欧洲研究力量加入日本的技术阵营，以增强日本在全球计算机科技领域的影响力。

在20世纪80年代，日本在高科技领域的迅速崛起中，通产省内的电子技术综合研究所（ETL）发挥了至关重要的作用。ETL作为通产省下属最大的电子和计算机研究机构，汇集了电子、计算机科学和自动化技术的研究精英。随着时间的推移，ETL与通产省其他研究所合并，组建了新的"产业技术综合研究所"。

在这一时期，渊一博的领导作用尤为显著。他不仅因在超级计算机ILLIAC II项目中的贡献而声名鹊起，更因其对美国研发文化的深入理解和丰富经验而备受尊敬。

在担任ICOT所长期间，渊一博推行了一系列颇具前瞻性和创新性的措施。他的一个大胆举措是从ETL和其他合作公司中选拔40名最优秀的年轻研究者加入ICOT。渊一博特别规定，这些研究者的年龄不能超过35岁，这一政策的目的是注入新鲜血液，激发创新活力，同时打破日本长期以来尊崇年长者的传统文化，推动建立一个以能力和创新为核心的新文化氛围。

此外，他还主导了通产省为ICOT设立的十年研发计划，预算高达4亿5千万美元。在该计划的第一阶段，即前三年，通产省计划投资4500万到5000万美元。在接下来的两个阶段，参与的公司将以一比一的比例匹配资金，预期总投资将达到8.5亿美元。基于日本工业界历来对政府项目的支持态度，实际投资可能达到或超过10亿美元。

在20世纪80年代和90年代，日本的研究团队积极致力于开发基于Prolog的高性能计算机原型，这些计算机被精心设计，用于执行复杂的逻辑推理任务，例如智能知识库管理和自动推理系统。人们认为这些系统在人工智能领域会实现重大突破，并可能引领技术的未来方向。这一时期的研究集中在如何通过逻辑编程来增强计算机的推理能力，使其能够模拟人类的决策过程，并处理大规模和复杂的数据集。

然而，尽管这些努力在技术发展和科研能力建设方面取得了显著成就，但第五代计算机项目并没有实现其预期的商业成功，也没有使日本的计算机产业在全球市场上超越美国。虽然Prolog语言在学术和研究界中广受推崇，但它未能成为主流的通用计算机语言。Prolog的专用性以及在某些应用中的执行效率限制了它的普及，使其不能适应更广泛的商业环境。

尽管如此，简单地将Prolog视为失败是不公正的。世界各地仍有许多程序员在使用Prolog编写程序，他们赞赏这种语言在处理某些类型的问题时所展现出的力量和优雅。更重要的是，Prolog及其背后的逻辑编程范式为计算机科学界提供了全新的视角，它提出了一种与传统的命令式程序设计截然不同的问题解决方法。这种方法更注重于描述问题的逻辑关系和规范，允许程序设计从更高的抽象层次出发，专注于描述"什么是想要的结果"，而不是"如何去实现这个结果"。

逻辑编程的思想不仅仅是编程范式的变革，它还激励计算机科学家和程序员开发新的思维模式和解决问题的方法论。这种思维方式对人工智能、知识表示和自动推理等领域的进一步发展具有深远的影响。

欧美国家的应对

第五代计算机系统项目的目标是实现计算机性能的显著提升，特别是在处理速度和智能化处理方面。该项目不仅预示了并行计算技术的重要性，也指明了未来高性能计算发展的方向。此举在日本国内激发了广泛的研究和开发活动，也促使其他国家采取了相应的对策。

美国在1983年启动了战略计算计划（Strategic Computing Initiative），这是一个联邦级的研发项目，目标是在十年内大幅推进计算机硬件和人工智能技术的发展。该计划涵盖了从芯片设计、计算机架构到人工智能软件等各个方面的研究，由国防部资助，总投资达到了10亿美元。此举旨在确保美国在全球战略技术竞赛中保持领先地位。

与此同时，英国启动了阿尔维计划（Alvey Programme），旨在增强英国在信息技术研究方面的竞争力。欧洲其他国家也不甘落后，如欧洲信息技术研究战略计划（ESPRIT）以及慕尼黑的欧洲计算机工业研究中心（ECRC），ECRC是英国的ICL、法国的Bull和德国的Siemens三大公司的合作项目。这些计划和项目的目标都是通过集中资源和努力，在计算机和信息技术领域取得关键的技术突破。

美国的战略计算计划通过集中资金和资源，加速了计算机硬件、软件及人工智能技术的快速发展。该计划的设计初衷类似于20世纪60年代的阿波罗登月计划，通过协调不同的研究和开发活动，将独立研发的各种子系统整合成一个高度先进的综合系统。这种集成系统的目标是在计算机科学和人工智能领域实现质的飞跃，从而确保美国在全球科技竞争中保持领先地位。

该项目由美国国防高级研究计划局（DARPA）资助，通过其信息处理技术办公室（IPTO）进行指导和管理。IPTO负责监督和调整项目方向，确保研究成果能够满足国防和民用的双重需求。到1985年，战略计算计划已经投入超过1亿美元，涉及60个机构推进92个独立但协同的项目。这些项目分别来自工业界、大学及政府实验室，体现了一个跨行业合作的研究模式。这种广泛的合作网络不仅加速了技术的创新和应用，还帮助建立了一个强大的科研和技术开发生态系统。

战略计算计划覆盖了从芯片设计和制造到高级计算机架构和人工智能软件开发的广泛领域。一些项目专注于发展超导计算机技术，而其他项目则致力于改进机器学习算法和开发能够模拟人类认知过程的人工智能系统。这些项目的共同目标是推进机器智能，实现在处理速度、数据处理能力和智能化决策上的根本性突破。

DARPA特别强调了项目的战略重要性，它在冷战期间的安全战略中占有一席之地。美国通过这样高投资、高风险的研发活动，不仅希望在军事上保持优势，同时也希望在全球经济中保持科技领先地位。此外，战略计算计划还旨在激发私营部门的投资，推动公私合作模式，从而加速科技成果的商业化进程。

尽管项目最初的目标是推进高级机器智能的发展，但实际上它在多个具体技术领域都取得了显著成就，尤其是在自主陆地导航技术上。自主陆地车辆（ALV）计划和卡内基梅隆大学的Navlab项目共同开创了一系列创新技术，这些技术后来成为无人驾驶汽车发展的基石。

ALV计划特别引人注目的地方是它对感知技术的革新。通过整合视频摄像机、激光扫描仪和惯性导航单元，ALV计划为无人驾驶技术提供了一个复合的、多维度的感知系统。这种集成技术的应用，使车辆能够实现更高级的环境感知和更精确的定位，为后来几乎所有商业无人驾驶车辆的开发奠定了技术基础。

此外，ALV项目还推动了计算机硬件技术的快速发展。随着项目对更高计算能力的需求，它促进了处理器速度的提升和数据处理能力的增强。在软件方面，该计划资助的动态分析与重新规划工具（DART）的开发，显示了人工智能在实际应用中的巨大潜力。DART的设计旨在优化复杂的后勤和资源分配问题，其在沙漠风暴行动期间的应用，为美国国防部节省了数十亿美元，证明了AI技术在战略和战术层面的有效性。

进入1990年代，随着技术和战略需求的变化，原有的项目逐渐被加速战略计算计划（Accelerated Strategic Computing Initiative，ASCI）所取代。ASCI专注于超级计算技术的开发，其主要目的是利用高性能计算解决大规模模拟问题，如核武器的安全性和可靠性模拟。随后，该计划进一步演化为高级模拟和计算计划（Advanced Simulation and Computing Program，ASCP）。

面对日本在高科技领域的迅猛发展，美国感受到了前所未有的竞争压力。为了应对这一挑战，美国的计算机和半导体制造商采取了一种前瞻性的合作方式。1982年末，在海军上将鲍比·雷·因曼（Admiral Bobby Ray Inman）的领导下，这些公司联合成立了微电子与计算机技术公司（MCC）。因曼此前担任过国家安全局（NSA）局长和中央情报局（CIA）副局长，具有丰富的国防和安全背景，这使他在领导MCC时拥有独特的视角和战略思考。美国政府对这一举措给予了全力支持。

MCC的成立是在1984年《国家合作研究法》的框架下进行的，该法案允许美国公司在长期、高风险的研究项目上合作，无须担心反垄断法的限制。这为美国科技企业提供了一个共同工作的法律和组织基础，特别是在人工智能和先进计算技术领域。

选择总部地点时，MCC考虑了几个靠近顶尖大学的地点，并最终选择了得克萨斯州奥斯汀，主要是因为得州大学提供了土地，并在奥斯汀校区专门为MCC建造了新大楼。这一地点选择不仅有利于吸引顶尖的学术资源，还便于招聘技术人才。事实上，罗斯·佩罗（Ross Perot）甚至提供了自己的私人飞机，以便于MCC的员工招聘工作，显示出企业界对这一项目的重视和期望。

在1980年代，MCC并没有接受直接的政府资金援助，其运营资金主要来自成员公司的投入。这一独立的财务结构使其能够灵活地开展研究与开发工作，而不受政府项目经费的直接影响。当时，MCC成为人工智能热潮的一部分，其研究重点包括封装技术、软件工程、计算机辅助设计（CAD）以及先进的计算机架构。这些项目推动了人工智能、人机界面、数据库和并行处理技术的发展，其中后两者在1980年代末实现了重要的技术融合。

MCC公司最知名的项目CYC是20世纪80年代初启动的一项雄心勃勃的人工智能研究项目。CYC项目的启动源于对早期人工智能研究成果的深入反思，特别是在扩展性和适应性方面的局限性。尽管人工智能技术在特定领域取得了突破，例如在围棋和象棋等游戏中展现出惊人的能力，但这些系统通常依赖于大量定制的规则，难以适应未见过的新情况或跨领域应用。这种对早期AI系统局限性的认知，激发了对创建一个更具普适性和可扩展性的AI系统的强烈需求。

推动这一需求的主要负责人是道格拉斯·莱纳特（Douglas Lenat）。莱纳特毕业于斯坦福大学，曾得到过费根鲍姆、明斯基等大师的指导。在攻读博士学位期间，他致力于研究启发式推理算法，并开发了一款名为AM的程序。AM，即"全自动数学家"（Automatic Mathematician），是一种模拟人类数学家思维和推理过程的人工智能系统。

1983年，莱纳特在斯坦福大学组织的一次会议上首次集中讨论了这一问题。与会的还包括其他几位著名学者，如明斯基、纽厄尔、费根鲍姆和麦卡锡，这些杰出的集体智慧对CYC项目做出了粗略的计算预测：这项工作将需要1000到3000人/年的努力。这样的规模在当时是前所未有的。

1984年7月，CYC项目正式启动，由MCC负责管理。

CYC项目自1984年起就设定了一个宏伟的目标：将人类海量的常识性知识转化为机器可理解、可推理的数据形式。这一任务的复杂性在于，不仅需要广泛搜集知识，还必须使这些知识能够被机器检索和逻辑推演。为了达到这一目的，项目团队首先开发了CycL，这是一种知识表示语言，用来表达复杂的声明和推理规则，从而为机器理解和处理知识提供基础。

随后，团队致力于开发一个全面的本体框架，系统化地组织和定义了人类所有可能的概念及其细节。本体的构建不仅仅是将信息进行分类，更重要的是明确这些分类之间的关系，比如属于、包含、相互作用等，这对于建立复杂的知识体系至关重要。

在这个本体的基础上，CYC团队进一步开发了一个庞大的知识库，它包含了从日常生活到高科技领域的广泛知识，涵盖了人类对世界的理解和解释。知识库的内容非常丰富，从具体的事实如历史事件，到抽象的概念如信仰和理念，无所不包。

为了使这些知识能够被有效地查询和利用，CYC项目还开发了一个高效的推理引擎。与当时常规的专家系统使用的推理机相比，CYC的推理引擎更快、更强大，能够模拟人类的推理过程，达到类似人类在面对复杂问题时的思考深度和逻辑性。

到1994年，即CYC项目运行十年后，CYC本体中的术语数量已经增长到约10万个。而到了2017年，这一数字更是增长到约150万。术语包括416000个集合，覆盖了从自然类别（如动植物种类）到抽象的行为类型（如各种人类活动）。以及超过100万个实体，如具体的人、地点、事物等。此外，还定义了42500个谓词，用于描述各种关系和属性，这些是理解复杂事物间相互作用的关键。

CYC项目的价值和意义，从一开始就显现了其潜力和远见。该项目的核心目的是创建一个综合性的知识图谱，不仅仅是聚合数据，更重要的是能够理解和处理这些数据之间的复杂关系。这样的想法在当时可谓是前所未有的。

随着项目的推进，CYC逐渐展现出其独特的能力，尤其是在处理和理解人类知识的深度和广度方面。该项目试图通过人工智能来模拟人类的推理过程，使机器能够理解广泛的常识性知识，从而在多种应用场景下提供支持，如自然语言处理、机器学习等。这种对知识深层次理解的追求，使得CYC在学术和技术界持续受到关注。

值得注意的是，尽管CYC在技术和理论上取得了一系列进展，但它的实际应用和普及过程并非一帆风顺。由于其庞大和复杂的结构，项目的进展显得缓慢，这在某种程度上限制了它在商业领域的广泛应用。然而，这种缓慢的进展同样意味着CYC项目在精确度和可靠性上的投入远超一般的知识图谱项目。

当谷歌在三十年后推出自己的知识图谱时，人们才真正理解CYC项目的前瞻性。谷歌的知识图谱虽然在技术和应用上有其显著的特点和优势，但其核心理念——将广泛的世界知识结构化并利用这些结构化的信息来提升搜索引擎的效果，与CYC的初衷异曲同工。通过这种结构化的知识，用户在进行搜索时，可以得到更加丰富和精准的信息。

要深入理解知识图谱的概念和意义，人们常常会引用谷歌副总裁阿密特·辛格（Amit Singhal）博士的一篇经典文章，题为《介绍知识图谱：实体而非字符串》（*Introducing the Knowledge Graph: things, not strings*）。这篇文章深刻阐述了知识图谱的构建和运作原理。

他提出，搜索关键词应该代表真实世界中的实体或事物，而非仅仅是字符串。传统的搜索引擎往往只是根据关键词的字符串匹配来返回搜索结果，而知识图谱则通过理解搜索意图和上下文，将搜索词与现实世界中的实体联系起来，从而提供更加准确和有用的搜索结果。

从某种意义上说，CYC项目不仅为后来的知识图谱如谷歌的开发提供了理论基础和启示，也为人工智能领域的发展贡献了重要的思想资源。尽管CYC项目在商业化道路上进展缓慢，但它在学术研究和技术探索中所扮演的角色是不可替代的。此外，该项目的持续维护和发展，显示了一个真理：在技术发展的长河中，真正有价值的创新总是需要时间来孵化和成熟。

在20世纪80年代的美国，与日本的五代计算机项目相匹敌的研究之一是大卫·艾略特·肖（D.E. Shaw）在哥伦比亚大学进行的Non-Von并行机的开发。Non-Von并行机是一种尝试在硬件层面实现知识表示语言（Knowledge Representation Language，KRL）的计算机架构。KRL是一种专为表达复杂的知识结构和推理过程设计的语言，这使得Non-Von项目在技术上具有创新性和前瞻性。这种并行计算机的设计旨在处理和执行高度复杂的逻辑运算，进而提高AI系统的效率和响应速度。

然而，在1986年，正值日本第五代计算机项目达到高峰之际，肖做出了职业生涯的重大转变。他离开了学术界，转投金融业，加入了摩根士丹利。在那里，肖不仅运用了他在计算机科学领域的知识，而且利用并行处理技术开发了先进的金融分析工具和算法，这些成果极大地促进了量化投资策略的发展。

1988年，肖进一步扩展了他的事业版图，创立了自己的投资公司DE Shaw & Co。这家公司很快成为华尔街的巨头之一，以其高度算法驱动的交易策略而闻名，从而开创了量化投资的一个新时代。在DE Shaw & Co成功后，肖在1990年代末期选择了半退休状态，并将他的注意力转向了另一个充满挑战的领域——生物化学和制药研究。

在1980年代，当全球科技界的目光都集中在日本的第五代计算机计划上时，英国也在积极探索自己的技术前景。1981年10月，应日本邀请，英国工业部派遣了一个由学者、公务员和商业代表组成的代表团访问日本。

这次访问的背景是国际电脑有限公司（ICL）与富士通（Fujitsu）之间的谈判。这场谈判不仅关系到ICL的未来生存，还试图探索与日本在高科技领域的合作可能性。尽管合作的范围被限定在非常具体的技术领域，但这次交流无疑加深了两国在科技领域的互动与合作。

代表团参加了关于第五代计算机计划的会议，并对日本的技术发展战略进行了深入了解。然而，这次访问的结论却意味深长——英国认为模仿日本的发展模式，而不是直接参与日本的项目，更符合其国家利益。

基于这次访问和随后的讨论，英国政府决定启动自己的国家级科技发展计划，即1984年的阿维尔计划。该计划由英国电信的技术总监约翰·阿尔维（John Alvey）领导，旨在全面提升英国在高级信息技术领域的研发能力和国际竞争力。

阿尔维计划关注高级微电子、智能知识基础系统（IKBS）、软件工程以及人机交互领域。其中，高级微电子和超大规模集成电路的研发致力于推动硬件技术的突破，以支持更复杂的软件应用和更高的数据处理能力。智能知识基础系统（IKBS）或人工智能的研究则是为了开发能够模拟人类思维和决策过程的系统。软件工程的提升旨在改善软件的设计、开发和维护流程，提高软件的可靠性和效率。人机交互领域，特别是自然语言处理的研究，致力于使计算机能更好地理解和响应人类的语言，从而使技术更加人性化和易于使用。通过阿尔维计划，英国希望解决在技术进步中逐渐显露的性能瓶颈问题，同时建立起对新兴科技趋势的独立研发能力。

在1978年，欧洲经济共同体在信息技术领域拥有50亿美元的贸易顺差，然而短短四年后的1982年，情况发生了戏剧性逆转，贸易顺差转变为120亿美元的巨额逆差。日本在同一时期启动的第五代计算机项目进一步加剧了欧洲对于科技创新的紧迫感，触发了对自身科技策略的深刻反思。

为应对这一挑战，1983年欧洲共同体启动了"欧洲信息技术战略计划"（ESPRIT），预算高达15亿ECU（欧元诞生之前的一种货币单位），目的是促进欧洲在信息技术领域的研发合作，加强基础科技研究和应用开发，以恢复和提升欧洲在全球市场的竞争力。此外，劳动力的短缺也成为推动ESPRIT计划的一个关键因素，因为高技能劳动力是支持高科技研发和产业发展的基础。然而，随着时间的推移，ESPRIT计划的影响逐渐减弱，一些批评者开始质疑依靠机器和自动化技术是否能解决所有问题。

在此背景下，德国展现出更加务实的科技发展策略。1988年，当其他国家对五代机计划持谨慎态度时，德国成立了德国人工智能研究中心（DFKI），专注于加强德国在人工智能领域的研究，促进国内外科技合作，帮助德国在全球科技竞争中保持领先地位。

第二次人工智能寒冬

尽管第五代计算机项目未能完全达到预期的技术突破，但其对日本乃至全球计算机科学和技术领域的推动作用不容忽视。该项目加速了人工智能、并行处理和逻辑编程语言的研究，培养了一代计算机科学人才，为后来的技术革新奠定了基础。

在第五代计算机项目结束后，日本科技界并未完全放弃在高端计算机技术领域的追求。在20世纪90年代，他们将研究重点转向以神经网络为核心的新一代计算机技术，这个研究方向被非官方地称为"第六代计算机技术项目"，但其年度支出却不到电子和通信设备行业整体研发支出的1%。例如，1991年，第六代项目的支出达到了720万日元的峰值，而这一数字与行业巨头的投入相比显得微不足道。例如，仅IBM一家公司在1982年的研发支出就达到了15亿美元（约3700亿日元），而整个计算机行业在1990年的研发总支出更是高达21500亿日元。世界局势风云变幻，日本在科技研发方面也变得相对保守起来。

这期间日本遭遇了两大难题：存储能力的严重不足和计算速度的极限

制约。

在1980年，市场上首款面向台式机的硬盘仅有5MB的存储容量。尽管这在当时已经是一个不小的进步，但与需要处理的数据量相比，这样的存储能力显得微不足道。考虑到现代智能手机中一张清晰图片的存储需求通常都超过这个容量，我们可以想象当时的开发者面临的处境有多艰难。这种存储能力的限制严重阻碍了复杂软件的开发和数据密集型应用的实现，如图形处理和大规模数据库管理等，这些都是推动计算机进步的关键应用领域。

计算速度的限制同样令人担忧。以1974年性能最高的8080芯片为例，其运行频率仅为2MHz。虽然此后微处理器的性能有了显著的提升，但是与人工智能等前沿技术所需的处理速度相比，这样的速度还是远远不够。人工智能和其他高端计算任务需要迅速处理和分析大量数据，因此，当时的处理器速度成了制约技术发展的另一个关键因素。即便在今天，算力仍然是人工智能研发中面临的主要挑战之一。

1985年，日本签署了《广场协议》，这项经济协议旨在通过人为升值日元来解决全球经济失衡，特别是美国的贸易赤字问题。结果，日元迅速升值，日本出口产品的国际竞争力大幅下降，进而影响了日本经济的整体表现。这种经济环境的变化对技术研发等资金密集型的长期项目造成了巨大压力。

1994年，日本第五代计算机项目在投入超过3.2亿美元之后，终于因为资金和技术挑战而告终。随着这个曾被寄予厚望的项目终止，日本政府甚至提出将研发成果无偿提供给全球任何有兴趣的组织，包括外国实体，这在某种程度上反映了日本在这一领域努力的绝望和失望。国际上其他国家的类似项目也纷纷结束。美国的DARPA项目和英国的Alvey计划都在短时间内停止了对相关技术的投资，转向了其他更有市场前景的技术领域。

与此同时，中国的态度则更为务实。中国成立的"国家智能计算机研究开发中心"最初也关注第五代计算机技术，但很快意识到这一领域的市场前景有限，并且与国内需求不符。因此，中国及时调整了研究方向，转向了更具战略意义和实用性的超级计算机技术。

当全球多个国家在高风险的第五代计算机研究中遭遇挫折时，个人计算机（PC）的崛起正改写着全球计算机市场的竞争格局。个人计算机的普及对大型机的市场份额造成了直接冲击，同时也标志着技术发展的新方向。日本虽然在第五代计算机技术上投入巨大，但在个人计算机领域却错失了先机，这一战略失误使其在全球技术竞争中落后。

虽然人工智能的发展遭遇了寒冬，但是在有些领域中，探索与发现并未停止。

贝叶斯网络

在人工智能寒冬的20世纪80年代，贝叶斯网络（Bayesian network）成为概率图模型领域的研究热点。在这一时期，研究人员开始将贝叶斯定理和图论相结合，提出了贝叶斯网络的概念，并着手研究其理论基础和算法实现。

贝叶斯网络的发展历史可以追溯到20世纪初期概率论和统计学的发展。

贝叶斯网络的理论基础源于贝叶斯定理，它提供了一种在给定观测数据的情况下更新事件发生概率的方法。这一理论由18世纪英国数学家托马斯·贝叶斯（Thomas Bayes）首次提出，后来由法国数学家皮埃尔-西蒙·拉普拉斯（Pierre-Simon Laplace）进一步发展和推广。

贝叶斯定理的核心概念是利用已知的信息来调整对未知事件概率的估计。其基本形式可表述为：

$$P\,(A|B) = \frac{P\,(B|A)\cdot P\,(A)}{P\,(B)}$$

其中，$P\,(A|B)$ 是表示当事件 B 发生的情况下，事件A发生的概率。$P\,(B|A)$ 是表示当事件 A 发生的情况下，事件B发生的概率。$P\,(A)$ 和$P\,(B)$ 分别表示事件 A 和事件 B 的独立发生概率。这一公式为后来贝叶斯网络的构建提供了基础框架。

如果看公式很难理解，你可以想象自己正在预测明天是否下雨。在没有任何其他信息的情况下，你可能会假设下雨的概率是50%。这就是你的先验概率，因为它是在没有额外信息的情况下的最初猜测。然后，你看到了天气预报，预测明天下雨的概率是80%。这是你的新信息，或者叫作观测数据。现在，根据贝叶斯定理，你可以使用这个观测数据来更新你的先验概率。

贝叶斯定理告诉你如何将这个新的观测数据与你的先验概率结合起来，以计算在考虑了这个信息后的后验概率，也就是给定了这个新信息后，明天下雨的概率是多少。

具体来说，贝叶斯定理将这样计算后验概率：它将先验概率（50%）乘以观测数据（80%下雨的概率），然后除以所有可能结果的概率总和，包括下雨和不下雨的可能性。这样，你就可以得到一个更新后的概率，表明明天下雨的可能性是多少。

贝叶斯定理的关键之处在于它允许我们不断地将新信息纳入我们的推断过程中，从而更准确地估计事件发生的概率。通过这种方式，我们可以在不断地学习和积累信息的过程中，不断地调整和改进我们的预测。

1985年，尤迪亚·珀尔（Judea Pearl）提出了贝叶斯网络的推断算法，这标志着贝叶斯网络的发展迈出了重要一步，并为该领域的进一步发展奠定了坚实基础。Pearl的工作不仅使贝叶斯网络成为一个独立的研究领域，而且还极大地促进了相关理论和方法的发展。

贝叶斯网络是一种用来描述事物之间关系的工具，就像是一张展示各种事物之间因果关系的地图。在这个网络中，每个事物都是一个节点，它们之间的关系用箭头表示，这些箭头显示了一个事物如何影响另一个事物。

举个例子，分析一个人是否感冒，我们可能会考虑多种因素，比如他是否接触到流感病毒，他的免疫系统是否健康，他是否在寒冷的环境中，等等。在贝叶斯网络中，每个因素都可以表示为一个节点，而节点之间的箭头则表示了因果关系，比如流感病毒的传播可能会导致感冒。

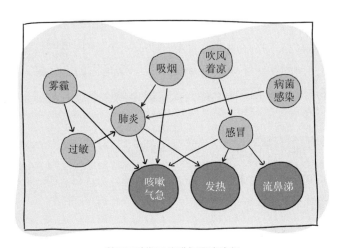

利用贝叶斯网络进行医疗诊断

观察节点之间的关系，我们可以对事件发生的概率进行推断。例如，如果确定某人已经接触到流感病毒，贝叶斯网络能够帮助我们计算他患上感冒的概率。

随着计算机技术的进步和对概率图模型的兴趣增加，贝叶斯网络在人工智能、机器学习、数据挖掘等领域发挥了重要作用。从1990年代初开始，贝叶斯网络已经被应用于医学诊断、工程系统设计、金融风险管理等实际问题中。

在贝叶斯网络的发展过程中，研究人员不断提出新的理论和方法，如动态贝叶斯网络、条件随机场等，为贝叶斯网络的应用开辟了新的领域和可能性。

　　进入2000年代，大数据时代的到来和机器学习算法的进步，进一步推动了贝叶斯网络在模式识别、数据挖掘、智能决策等领域的应用。研究人员开发了更加高效的贝叶斯网络学习算法，使得贝叶斯网络在实际应用中变得更加可靠和有效。

第五章

重要的应用：
他们还是想着"人造人"

　　人工智能的应用正逐渐渗透到我们生活的方方面面，从改变我们的工作方式到影响我们的日常生活。本章将深入探讨人工智能在个人助手、无人驾驶和拟人机器人等领域的应用。这些领域的发展不仅展示了人工智能技术的强大潜力，也为我们展现了一个更加智能化和便利化的未来。

个人助手

　　计算机个人助手和聊天机器人的历史可以追溯到20世纪中叶，当时计算机科学家们希望开发出能够模仿人类交流和辅助执行任务的人工智能系统。随着时间的推移，这些技术经历了从基本的文字处理程序到复杂的对话系统的演变，极大地改变了人们与计算机的互动方式。

　　在20世纪60年代初，麻省理工学院的约瑟夫·魏岑鲍姆创造了世界上第一个聊天机器人ELIZA。ELIZA通过模式匹配和替换技术模拟对话，尽管它给用户留下了能理解对话的印象，但实际上并没有真正理解和掌握对话的深层含义。ELIZA程序最初是用MAD-SLIP语言编写的，但承载其大部分语言功能的模式匹配指令是以单独的"脚本"形式存在的，这些脚本采用类似Lisp的语言表示方式。

ELIZA最为人熟知的是模仿心理治疗师的交流方式，这种言语模式源自DOCTOR脚本提供的数据和指令，魏岑鲍姆意在证明人机间的交流是肤浅的。ELIZA本身会对文本进行关键词搜索，赋予关键词值，并将输入转化为输出；而DOCTOR脚本则决定了关键词的选择、关键词的赋值以及输出转换规则。魏岑鲍姆选择在心理治疗的背景下制作DOCTOR脚本，目的是"绕过为程序提供真实世界知识数据库的问题"，从而使得程序能反射用户的陈述以推进对话，这样一种看似颇为智能的回答，据说曾欺骗了一些早期的用户。

ELIZA的名字来源于萧伯纳的戏剧《卖花女》中的角色伊莉莎·杜立特，ELIZA可以通过与用户的交互逐步改进，这一点与伊莉莎·杜立特被教导着学会了上流社会的口音很相似。但与戏剧角色不同的是，ELIZA无法通过交互学会新的言语模式或新词汇，要改变其行为必须直接编辑脚本。

ELIZA的一些回应非常逼真，以至于魏岑鲍姆和其他观察者都注意到用户对程序产生了情感依恋，有时甚至忘记了他们正在与一台机器交谈。据说魏岑鲍姆的秘书曾要求他离开房间，以便她能不受打扰地与ELIZA进行一场真实的对话。

随着20世纪80年代计算能力的增强和算法的发展，我们见证了更高级的个人助手和聊天机器人的诞生。其中，苹果公司推出的Knowledge Navigator是一个非常火热的概念。这款个人助手设计得前卫而富有创意，能理解自然语言并执行复杂的任务，体现了当时技术界对未来人机交互的宏伟愿景。

Knowledge Navigator被设想为一个能够通过语音交互理解并响应用户需求的系统，它具备高度先进的语音识别、理解及问题解决能力。其界面包含了一个虚拟助手，这个助手不仅能够与用户进行流畅的对话，还能处理电子邮件、管理日历、检索信息并进行数据分析。虽然这个概念最终没有成为市场上实际可用的产品，但它的出现无疑为科技产业描绘了一幅令人向往的未来画卷。

Knowledge Navigator的概念视频在当时引起了广泛的讨论和兴趣，其中展示的技术似乎预示着未来，对科技界的发展方向产生了深远的影响。视频中的虚拟助手可以理解和处理复杂的查询，甚至能够理解上下文，这在当时是一个极具前瞻性的想法。这个虚拟助手被设想为一个全知全能的协助者，它不仅能提供学术研究的帮助，安排会议，还能在用户进行科学研究时提供实时的数据支持。

此外，Knowledge Navigator的想法在当时激发了科技界对于未来计算机的无限遐想，促使从业者和研究人员开始探索如何让计算机成为人类日常生活和工作的主动助手。这标志着个人计算的一个重要转折点，并预示着未来技术在人机交互方面的深远影响。在这样的背景下，科技公司开始投入更多资源来研究用户界面的友好性以及交互逻辑的自然性，以期创造出更为智能、更贴近人类思维方式的机器。

尽管Knowledge Navigator并未转化为实际的产品，但其核心理念极大地推动了智能助手和聊天机器人的发展。

20世纪末和21世纪初，计算机个人助手和聊天机器人的发展迎来了关键时期。在这个时期，企业开始尝试将人工智能集成到日常软件应用中，旨在提升用户体验和工作效率。微软公司在这方面的努力尤为突出，尽管其产品并非总是受到市场的热烈欢迎。

微软的Office助手Clippy是这一时期的一个标志性例子。Clippy是一个纸夹形状的卡通形象，可以为Microsoft Office用户提供帮助和建议。然而，尽管Clippy的目的是增强用户互动体验，却因其频繁且不合时宜的弹出窗口以及有限的实用性而饱受批评。

除了Clippy，微软还尝试推出过其他几个类似的项目，例如Microsoft Bob。Bob项目是微软试图通过一个图形化的家庭环境来提供更直观的用户界面的尝试。用户可以通过点击不同的"房间"来访问各种应用程序。然而，由于其过于简化的界面和性能问题，Bob同样没有赢得市场的积极响应。

这些初步的尝试引发了关于微软在"社交"界面设计上的讨论，人们开始思考问题究竟是出在概念本身还是实现方式上。微软在这些项目中所展现的某种"傻气"，其实可以追溯到斯坦福大学研究人员克利福德·纳斯（Clifford Nass）和拜伦·里夫斯（Byron Reeves）的研究。这两位学者发现，人类对于提供模拟人类交互的计算机界面反应积极。这一发现激励了微软尝试在其产品中创建更具"人性"的交互界面。

纳斯和里夫斯在1986年加入斯坦福大学时，带来了关于媒介理论的新思想。里夫斯之前是威斯康星大学的传播学教授，而纳斯在普林斯顿大学研究数学后，曾在IBM和英特尔工作，之后他的兴趣转向了社会学。他们的研究表明，即便是简单的计算机反馈，只要被设计得像是来自一个有思想的实体，人们就会对它产生社会性的反应。

这一时期，聊天机器人得到了显著发展，2001年，A.L.I.C.E.成为一种流行的聊天机器人。

A.L.I.C.E.（Artificial Linguistic Internet Computer Entity）是一款基于自然语言处理技术的聊天机器人程序，它受到了约瑟夫·魏岑鲍姆开发的经典ELIZA程序的启发，通过应用一套启发式模式匹配规则来与人类进行对话交流。

理查德·华莱士（Richard Wallace）在1995年11月23日首次创造了A.L.I.C.E.，并自1998年开始使用Java语言对其进行重写。A.L.I.C.E.使用的是一种名为AIML（Artificial Intelligence Markup Language）的XML格式，这种语言专为编写和管理大量的模式匹配对话规则而设计。这些规则能够识别用户输入的关键字或短语，并根据预设的模板提供相应的回应。

A.L.I.C.E.不仅是技术的集大成者，还是同类程序中的佼佼者，其影响力和技术成就得到了广泛认可。它分别在2000年、2001年和2004年三次获得勒布纳奖，这是授予先进人形对话机器人的重要人工智能类奖项。这些奖项的获得，凸显了A.L.I.C.E.在人工智能领域的重要地位和影响力。

然而，尽管A.L.I.C.E.在模仿人类对话方面取得了一定的成功，其机械化的对话风格仍容易被普通用户识别，因此它未能通过图灵测试。

此外，随着社交媒体和即时通信服务的普及，聊天机器人开始被集成到这些平台上，以增强用户互动和提升业务效率。例如，Facebook Messenger和QQ等平台推出了聊天机器人功能，使得企业和开发者能够创建用于客户服务、营销和其他互动场景的机器人。

事实上，个人助手或聊天机器人面临的最大技术阻碍还是自然语言处理（NLP）技术。从20世纪50年代的早期尝试到今天的深度学习应用，NLP的演变不仅拓展了技术的边界，还深刻地改变了人们与机器的互动方式。

NLP研究的起源可以追溯到20世纪50年代，当时的研究重点是机器翻译。在冷战时期，美苏两国的政治和科技竞争激发了对自动翻译技术的需求。1954年，乔治敦大学和IBM联合进行了一次著名的实验，成功展示了一台机器将俄语句子自动翻译成英语的能力。尽管初步成果令人鼓舞，但随后的研究揭示了语言处理的复杂性远超预期，这导致了60年代和70年代的一段发展停滞期。

进入20世纪70年代和80年代，随着计算能力的提升和理论模型的发展，NLP领域开始采用更为复杂的统计方法。尤其是80年代末期，统计模型的兴起使得机器学习方法开始应用于语言处理任务，如语音识别和文本分类，这标志着NLP研究的一个重要转变。

到了21世纪，伴随着大数据的兴起和计算能力的大幅提升，NLP迎来了快速发展期。是深度学习的引入极大地推动了NLP的进步。自21世纪10年代起，基于神经网络的模型，如长短时记忆网络和Transformer架构，逐渐成为主流。这些模型能够处理更长的序列数据并更好地理解上下文，从而在许多NLP任务中取得了前所未有的成就。

进入21世纪20年代，机器学习和自然语言处理技术的不断进步，让个人助手和聊天机器人的能力越来越强大。这些系统不仅可以执行日常任务，如设置提醒、处理电子邮件和进行在线购物，还能在更复杂的环境中提供支持，如进行健康监测和个人理财建议。此外，它们还能提供情感支持，甚至扮演"陪伴者"的角色，这标志着人工智能正逐步成为人类生活的一部分。

Siri自2011年首次在iPhone 4s上亮相以来，已经从一个简单的语音助手演变成了一个集成了深度学习和数据分析的复杂系统，极大地改变了我们使用现代技术的方式。

Siri起源于美国国防部的一个人工智能秘密项目CALO，该项目的目标是开发能够理解和执行复杂任务的认知助手，旨在为军方提供智能化服务。Siri公司的创始人利用了CALO项目中的基础技术开发了Siri。当苹果公司知道 Siri 的未来前景后，当机立断，用 2 亿美元收购了 Siri公司，并将Siri 应用整合进了 iPhone 4S 中。

Siri的最初版本相对简单，功能主要包括设定提醒、发送消息、检查天气等。然而，苹果在后续版本中不断进行改进，加入新功能，如引入更多语言的支持、改善语音识别的准确性并集成机器学习技术，使Siri能够更好地理解用户的意图和上下文。

随着时间的推移，Siri已经不仅仅是一个个人助手，它还成为连接苹果生态系统各个方面的桥梁。例如，Siri被集成到了HomeKit中，使用户能够通过语音命令控制家中的智能家居设备。此外，Siri在车载系统CarPlay中的应用，使驾驶者可以通过语音命令进行导航、打电话或发送消息，大大提高了行车的安全性。

Siri的成功也促使其他科技公司加速开发自己的语音助手，如亚马逊的Alexa、谷歌的Assistant、微软的Cortana和小米的小爱同学。这些语音助手的普及改变了用户与设备的交互方式，从传统的触控和点击转向了更加自然的语音交流。

计算机个人助手和聊天机器人的历史是人工智能发展的一个缩影，展示了技术如何从简单的自动化工具演化为今天的高度复杂和个性化的互动系统。随着技术的不断进步，未来的个人助手和聊天机器人将会更加智能和实用，为人类生活带来更多便利。

无人驾驶

无人驾驶无疑是人工智能领域发展最为成功的分支之一。对许多人来说，开车并不是一种享受，而是负担。从驾驶中解放出来不仅可以提高生活的便利性，还具有相当的经济价值。无人驾驶技术的进步不仅提高了交通效率，还增强了安全性，降低了事故发生的风险。

根据1919年《科学美国人》记录，早在1912年，美国的无线电控制设备专家小约翰·哈蒙德（John Hammond Jr.）和本杰明·密斯纳（Benjamin Miessner）就利用一对光感性硒光电管和一个电子回路，设计了一款简单的自动引导小车，他们给它起了一个酷炫的名字——"战争狗"。

"战争狗"的设计原理非常简单，却十分巧妙。它的左右光感电管可以感知环境中的光强差异，而由电子回路构成的底层控制系统则根据这些光强信号来调整小车的行驶方向。如果两侧感光存在差异，小车会向光强一侧转向；如果两侧感光均衡，小车就会保持直线行驶。这种设计使得"战争狗"能够根据环境中的光线情况自主调整行进方向，极大地增强了其适应性和灵活性。

　　虽然"战争狗"的机械结构相对简单，但它的设计原理却为无人驾驶技术的发展提供了重要思路和启示。

　　无人驾驶的早期实验可以追溯到20世纪20年代和30年代。1925年，纽约市见证了一项令人瞩目的技术，Houdina无线电控制公司在繁忙的街道上展示了一辆名为"美国奇迹"（American Wonder）的无线电遥控汽车。这辆1926年产的Chandler汽车，通过后车厢的传输天线接收操作员从另一辆车内发送来的无线电脉冲信号。这些信号被捕获后转化为电信号，激活了连接各个控制装置的小型电动马达，从而精确控制汽车的方向、加速和刹车。

　　这一创新展示在当时引起了极大的公众兴趣。1926年，位于密尔沃基的Achen Motor汽车经销商采用了这一发明，并将其命名为"幻影汽车"（Phantom Auto），还在密尔沃基市的街道上进行公开演示，进一步验证了无线电遥控驾驶技术的可行性。

　　在1939年的世界博览会上，通用汽车赞助的诺曼·贝尔·盖茨设计的"Futurama"展览，呈现了一种更加前瞻的自动驾驶概念。该展览展示了一种未来的自动化道路系统，汽车无须人为驾驶，通过嵌在路面中的电磁线路自动导航。这是一种全自动的交通系统，车辆能够在没有人为干预的情况下安全高效地运行，为自动驾驶技术的未来发展提供了富有远见的视角。

　　贝尔·盖茨在其1940年的著作《魔力高速公路》(Magic Motorways)中详细描绘了他对

"Futurama"模型细节

未来高速公路和交通运输的愿景，他倡导设计更先进的高速公路，推动交通运输领域的进步，特别是要将人类从驾驶过程中解放出来。贝尔·盖茨预测，这些先进技术将在1960年前后成为现实。随着电子学和计算机科学的发展，自动驾驶车辆的概念逐步从理念走向了实际的技术试验。

1957年，RCA实验室与内布拉斯加州政府合作，在林肯市外一段400英尺[1]的路上成功展示了一套全尺寸自动驾驶系统。一组埋设在路面下的实验检测电路与路边的一系列灯光配合使用，检测电路能够发送脉冲信号以引导汽车，并确定路面上任何金属车辆的存在及其速度。该系统于1954年9月在内布拉斯加州卡斯县进行了初步测试，用作交通计数器的实验。通用汽车公司为这一系统的开发提供了支持，提供了两辆装配有特殊无线电接收器和声音视觉警告设备的标准车型，这些设备能够模拟自动转向、加速和刹车控制。

1960年6月5日，RCA实验室在新泽西普林斯顿的总部进一步演示了该系统的应用。记者们受邀尝试"驾驶"这些汽车，这不仅证明了自动驾驶技术的实际应用潜力，还体现了技术如何通过减少司机的直接参与，来提高道路使用效率和安全性。

1961年，斯坦福大学的詹姆斯·亚当斯（James Adams）制造了一辆原型车，即后来所说的"斯坦福推车"，旨在测试火星探测车的可行性。然而，亚当斯的试验并不顺利，因为测试车的延迟竟然高达2.5秒，这严重影响了车辆的控制效果。尽管面临挫折，但研究者们没有气馁，反而坚定了改进技术的决心。

随后的几年里，斯坦福推车经历了一系列的改进。到了1967年，推车已经能够跟随白线行驶，这是一次重要的进步。然而，真正的突破发生在1977年，当时还在斯坦福大学人工智能实验室读博士的汉斯·摩拉维克（Hans Moravec）为斯坦福推车研制了一台配备立体视觉和电脑远程控制

---

[1] 1英尺约为0.3048米，400英尺约为121.92米。

系统的新装置。该装置包括了一台电视摄像机，安装在车顶栏杆上，能从不同的角度拍摄照片，并传送至电脑进行处理。电脑据此计算小车和周围障碍物之间的距离，并操纵小车绕过障碍物。这一系统的引入大大提升了斯坦福推车的智能水平和操作能力。1979年，斯坦福推车取得了令人瞩目的进展。在无人干预的情况下，它成功地穿过了一个放满椅子的房间，虽然花费了大约5小时，但展示了自动驾驶技术的巨大潜力。

20世纪80年代初，德国慕尼黑联邦国防军大学的恩斯特·迪克曼斯教授及其团队开发了一款创新的自动驾驶系统。该系统装配在一辆厢式货车上，主要基于视觉引导技术，使得汽车在无交通干扰的条件下，能够以每小时近60英里[①]的速度在街道上安全行驶。

同一时期，欧洲联盟启动了名为普罗米修斯（PROMETHEUS）的宏大计划，这是一个从1987年延续至1995年的研究项目，总投资高达7.49亿欧元。普罗米修斯项目专注于自动驾驶技术的多个方面，包括车辆自主导航、车与车通信以及增强的安全特性。通过跨国合作，该项目推动了自动驾驶技术在欧洲的发展，并对后续的国际标准和法规制定产生了重要影响。

也是在这一时间，美国国防高级研究计划署资助的自主陆地驾驶车辆（ALV）项目取得了显著进展。该项目汇聚了包括马里兰大学、卡内基梅隆大学、密歇根环境研究学院、马丁玛丽埃塔公司和斯坦福国际研究院在内的多个研究机构的智慧和资源。ALV项目的一个里程碑是利用激光雷达、计算机视觉和自主机器人控制系统，使得车辆能够在最高时速19英里的情况下自主跟随道路行驶，这标志着高级传感技术和自主导航技术在真实道路条件下的初步成功。

卡内基梅隆大学的研究人员自1984年起成立了导航实验室，名为"NavLab"，专注于解决复杂环境中的高难度视觉感知问题，他们致力于研发一系列智能车辆，其中包括NavLab-1，NavLab-5和NavLab-11等典型

①　1英里约为1.6千米。

代表。

NavLab-1于1986年问世，是基于一辆雪佛兰厢式货车改装而成的，通过三台计算机和以太网连接在一起。它能够执行图像处理、图像理解、传感器信息融合、路径规划和车体控制等任务。NavLab-1配备了多种传感器，包括JVC BY110U云台彩色摄像机、陀螺仪、ERIM激光雷达测距仪、超声波传感器、光电编码器和GPS等。该系统在卡内基梅隆大学校园非结构化道路上的行驶速度达到了12km/h，而在典型的结构化道路上，速度可以高达28km/h。

1987年，HRL实验室在ALV项目中首次展示了基于地图和传感器的非公路自主导航。这项技术允许车辆在复杂地形中自主导航，超过2000英尺的行驶距离涵盖了陡坡、峡谷、大石块和植被等多种地形障碍。这一技术的成功应用，为自动驾驶技术在非标准化和极端环境中的应用潜力提供了有力的证明。

1989年，卡内基梅隆大学的Dean Pomerleau利用神经网络构建了一辆可以上路的自动驾驶汽车——ALVINN（Autonomous Land Vehicle In A Neural Network）。在卡内基梅隆大学校园内，ALVINN能够在没有任何人工干预的情况下自主行驶。这一成就标志着自动驾驶技术迈出了重要的一步，为无人驾驶汽车的未来发展打下了坚实的基础。ALVINN基于一套深度学习算法，通过观察人类如何驾驶来"学习"驾驶技能。它利用车前的摄像头和激光测距仪收集输入数据，然后根据不同道路类型选择最可靠的神经网络，通过运算结果来控制车辆的行驶。研究人员向它展示人类驾驶时摄像头捕捉到的图像（输入数据），以及当时驾驶员的反应（结果）。ALVINN通过观察这些数据，不断调整神经网络中连接的强度，逐渐学会了正确的驾驶技能。例如，当输入数据显示车辆驶向一条曲线道路时，ALVINN会通过连接的强度来预测并模拟人类司机可能的操作，实现车辆的自主转向。这种反复的学习过程使得ALVINN能够逐渐提高其驾驶水平，最终在实际道路上实现自主驾驶。

20世纪80年代，中国在无人驾驶技术领域的研发也正式启动。哈尔滨工业大学、沈阳自动化研究所和国防科技大学三家单位共同参与了"遥控驾驶的防核化侦察车"项目。1985年，由北京理工大学、国防科技大学等五家单位联合研制的ATB-1无人车问世，这标志着中国迈出了无人驾驶领域的第一步。ATB-1是中国第一辆能够自主行驶的测试样车，其行驶速度可以达到21千米/小时。

进入20世纪90年代，无人驾驶技术的发展迎来了一个新阶段，开始从实验性探索向实际应用转变，特别是在公共和商业交通系统中对自动化技术的集成取得了显著进展。

1991年，为加快这一进程，美国国会通过了ISTEA（Intermodal Surface Transportation Efficiency Act）运输授权法案。该法案不仅为交通系统的现代化提供了资金支持，还要求美国交通运输部（USDOT）在1997年前展示一套自动化车辆与公路系统。为了响应这一法律要求，美国联邦公路管理局（FHWA）承担了这一重任，开展了一系列复杂的前期系统分析，并成立了国家自动化公路系统联盟（NAHSC），由FHWA和通用汽车公司共同领导。NAHSC汇聚了Caltrans、Delco、Parsons Brinckerhoff、Bechtel、加州大学伯克利分校、卡内基梅隆大学和洛克希德·马丁公司等多个重量级合作伙伴，共同进行系统工程和研究。

经过多年的精心准备和研发，1997年NAHSC在加利福尼亚州圣地亚哥的I-15公路上举行了具有里程碑意义的Demo'97演示活动。活动展示了大约20辆来自不同制造商的自动化车辆，包括轿车、公交车和卡车等多种类型。这场演示吸引了成千上万的观众，同时也引起了媒体的广泛关注。演示内容主要分为两部分：紧密编队行驶，适用于隔离的交通环境；自由行驶，适用于常见的混合交通环境。为了增加演示的多样性和国际参与度，丰田和本田等汽车制造商也受邀参加，展示各自的自动驾驶技术。

尽管计划的初衷是制定有助于商业化的系统设计和推动法规的制定，但由于1990年代末美国交通运输部研究预算的收紧，这一雄心勃勃的计划最终被取消。在此之前，该计划的总投入已经达到9000万美元。

1995年，还有一项无人驾驶技术在实际应用中取得了飞跃。在这一年，卡内基梅隆大学的Navlab项目完成了一次具有里程碑意义的旅程，实现了车辆自主行驶5000千米横跨美国大陆，其中98.2%的路程由自动驾驶系统控制，这一壮举被广泛宣传为"无手穿越美国"。然而，需要指出的是，这辆车本质上属于半自动驾驶。尽管它采用了先进的神经网络技术来控制方向盘，实现了方向控制的自动化，但油门和刹车的操作仍然需要人工介入，这主要是出于安全和可靠性的考虑。

同年，迪克曼斯及其团队在德国的慕尼黑启动了另一个雄心勃勃的项目。他们重新设计了一款自主S级梅赛德斯-奔驰汽车，并成功完成了从德国巴伐利亚州慕尼黑到丹麦哥本哈根的长途行驶，全程1590千米，这一行程是对自动驾驶系统在实际路况中应对能力的一次严格测试。该车辆配备了快速扫描的计算机视觉技术和超大规模集成电路，以实现快速且准确的实时反应，从而在德国繁忙的高速公路上实现了超过175千米/小时的高速行驶。

这款机器人汽车的表现异常出色，其自动驾驶时间占总行驶时间的95%，平均每9.0公里才需要人工介入一次。尽管这是一个侧重于短期内展示可靠性的研究系统，但这款车在没有人工干预的情况下最长可连续行驶158千米。

2004年，美国国防部高级研究计划局主持了一项名为"DARPA大挑战"的比赛，并设立了一百万美元的奖金，用以奖励能够制造出完成莫哈韦沙漠150英里赛道的全自动驾驶汽车的团队。此举目的在于激发机器人工程师的创新潜能，推进技术发展，特别是希望在2015年前实现三分之一的地面军事力量自主化，从而降低士兵在危险环境中的风险。

DARPA大挑战的首场比赛于2004年3月13日在美国内华达州的莫哈韦

沙漠举行。赛道从加利福尼亚州的巴尔斯托开始，沿州际15号公路一直延伸至内华达州边界的普瑞姆，全程大约240千米。这条赛道地形复杂，布满了自然和人造障碍，为参赛队伍提供了极具挑战性的测试环境。

　　尽管有多个团队参赛，但没有一辆机器人车辆能够完成整个赛道。在所有参赛队伍中，卡内基梅隆大学的Red Team表现最为出色。他们的参赛车辆名为"沙尘暴"，是一辆经过改装的悍马车，装备了先进的导航和避障系统。尽管"沙尘暴"只成功行驶了11.78千米，但其表现被认为是所有参赛车辆中最好的。不幸的是，在一个急转弯处"沙尘暴"遇到了岩石障碍，导致无法继续前行。

　　2005年10月8日一早，DARPA大挑战的第二场比赛在晨光中拉开序幕，吸引了众多团队再次挑战极限。比赛路线设计极具挑战性，要求参赛车辆不仅要高效导航，还必须具备高度的机动性和应对突发状况的能力。比赛路线穿越了三个狭窄的隧道，同时设置了超过100个急转弯，考验了车辆的操控系统和算法的反应速度。其中，最具挑战性的是赛段的最后环节——"啤酒瓶山口"（Beer Bottle Pass），这是一条蜿蜒曲折的山路，一侧是深不见底的悬崖，另一侧则是几乎垂直的岩壁。车辆在这种极端条件下的表现，不仅考验了其物理构造的稳定性，更是对其导航系统的终极考验。

啤酒瓶山口

　　然而，除了一支队伍未能超越2004年的最佳纪录外，其他所有队伍都成功突破了11.78千米的成绩。五辆赛车更是突破重围，完成了212千米的全程赛程。这一壮举不仅证明了技术的成熟度，也显示了参与团队在自动驾驶系统优化方面的能力。

　　2007年11月3日，自动驾驶汽车的研究和开发到达了一个新的里程碑。这一天，DARPA大挑战的第三场比赛——城市挑战赛——在加利福尼亚州维克托维尔的乔治空军基地旧址举行。这一次，赛道被设定在一个模拟的城市环境中，全长96千米，参赛队伍须在不到6小时的时间内完成这段路程。与之前的挑战赛相比，这次比赛的难度大大增加，要求车辆在复杂的城市交通环境中自主导航，同时遵守所有交通法规，并顺利融入实际车流。

　　为了增加比赛的竞争性和激励性，组织者将参赛队伍分到A和B两个赛道，其中A赛道的队伍享有100万美元的资助。这些队伍大多数来自全球顶尖的大学和大型企业，展示了他们在自动驾驶领域的前沿技术和创新能力。例如，来自卡内基梅隆大学与通用汽车的合作团队Tartan Racing、斯坦福大学与大众汽车的合作团队，以及弗吉尼亚理工大学与TORC Robotics的VictorTango团队，他们都是自动驾驶技术研究的领军者。

　　Tartan Racing团队展现了他们在地图优化和路径规划方面的先进技术。虽然比赛路线图只粗略标注了关键坐标点，但他们通过插入自己计算的额外坐标点，显著提高了导航的准确性和效率。赛后，团队发表的总结报告中通过图形对比生动展示了原始路线图与Tartan Racing所用路线图的差异，凸显了他们技术的实用性。

　　最终，Tartan Racing以他们改装的雪佛兰Tahoe赢得了200万美元的冠军奖金。紧随其后的是斯坦福赛车团队，他们的参赛车辆"Junior"——一辆2006年款的大众Passat——表现出色，获得了100万美元的奖金。第三名则由VictorTango团队赢得，他们的2005款福特Escape混合动力车"Odin"同样表现出色，获得了50万美元的奖金。此外，麻省理工学院、康奈尔大学和宾夕法尼亚大学/里海大学的团队也成功完成了这一艰难的赛程。

　　DARPA大挑战系列竞赛不仅推动了自动驾驶技术的研究与发展，更为全球的学生和研究人员提供了一个展示和实验自己创新想法的平台。

斯坦福大学和卡内基梅隆大学的自动驾驶车

　　2010年春，硅谷传出谷歌正在试验自动驾驶汽车的传闻，起初听起来近乎荒谬。然而，谷歌创始人布林和佩奇确实已经开始实施一系列创新项目，其中包括人工智能驱动的自动驾驶技术。1995年，年仅22岁的佩奇考入了斯坦福大学攻读博士学位。当时，他列出了一张清单，上面记录了他想要深入研究的课题：如何利用超链接改变互联网搜索，以及自动驾驶汽车。面对这两个备受关注的领域，他的导师建议他选择搜索方向，因为自动驾驶汽车的技术当时尚未成熟，存在许多未知和限制。但显而易见的是，无人驾驶的想法早已在佩奇心中生根发芽。

　　尽管有人对谷歌这一尝试持怀疑态度，但谷歌前CEO施密特透露，公司内部曾探讨此类前沿概念，甚至包括对太空电梯的构想。2007年DARPA挑战赛后，塞巴斯蒂安·特隆（Sebastian Thrun）离开斯坦福大学，全职加入谷歌，尽管他的离职并未公开，但硅谷精英对此高度关注。最终，一名谷歌低薪司机的高中同学无意间透露了谷歌自动驾驶车队的存在。这些车辆白天停在开放停车场，夜晚出行，常被误认为是谷歌街景采集车。谷歌工程师通过在车辆顶部安装昂贵的360°LIDAR传感器及其他传感器设备，使其具备自动驾驶能力。

在短短三年内，谷歌自动驾驶汽车技术取得了飞速进步，超越了DARPA挑战赛水平。其精密的地图绘制和自动驾驶功能令人印象深刻，特别是在山景城街道和高速公路的表现，证明了其卓越的技术实力。《纽约时报》的报道使谷歌自动驾驶汽车的消息震动了整个汽车行业，促使底特律的汽车制造商加快在硅谷建立实验室的步伐，以应对可能被边缘化的风险，就如同当年个人电脑硬件制造商未能及时跟进操作系统的革新而陷入被动的局面一样。

随着科技的迅速发展，自动驾驶技术逐渐成为各大公司关注的焦点。特别是在汽车行业，自动驾驶技术的应用前景引起了通用汽车公司等企业的极大兴趣。

通用汽车公司以高达10亿美元的价格收购了硅谷创业公司Cruise Automation，该公司专注于开发无人驾驶技术，这是通用汽车公司对未来智能交通的一次押注。随后，通用汽车公司在2017年又投入了额外的6亿美元用于自动驾驶技术的研发，进一步巩固了其在这一领域的地位。

与此同时，英特尔也加入了自动驾驶技术的竞争中。2017年，英特尔以153亿美元的天价收购了以色列公司Mobileye，后者是专门为自动驾驶汽车研发传感器和计算机视觉技术的公司。这次收购使得英特尔在自动驾驶领域的地位得到了极大的提升，也为其未来在智能交通领域的布局奠定了坚实的基础。

自动驾驶技术的发展不仅关乎汽车制造商的未来，而且牵涉整个交通运输行业的变革与利益。在这个价值数万亿美元的产业中，各方都在下重注，期望通过自动驾驶技术的应用实现颠覆性的改变。无论是汽车制造商、科技公司，还是政府监管机构，都在积极地探索和推动自动驾驶技术的发展，以构建更安全、更高效的交通运输系统。

无人驾驶技术已经从最初的自动泊车和自适应巡航控制等简单自动化功能，进化到了近乎全自动驾驶的水平。现代无人驾驶汽车，例如特斯拉的AutoPilot系统，已经能够在特定条件下实现高度自动化的驾驶体验。

在特斯拉自动驾驶项目的规划初期，埃隆·马斯克曾与谷歌探讨合作开发一套高速公路自动驾驶系统的可能性。在此之前，谷歌于2013年推出了一款名为AutoPilot的半自动驾驶系统，然而，谷歌的技术并没有在特斯拉车上实现量产。主要原因之一是谷歌在2013年迅速叫停了AutoPilot的测试。

当时，谷歌邀请了一批每天需要通过高速公路长途通勤的员工来参与系统测试。然而，几周后发生了一起意外事件：一名员工在自动驾驶的车上睡着了……

谷歌旗下Waymo公司的首席执行官约翰·克拉夫奇克（John Krafcik）解释了公司内部的想法：团队认为半自动驾驶系统不可靠，因为随着系统性能的提升，人们可能会过度信赖它，从而忽略了安全问题。

在叫停半自动驾驶项目之后，谷歌和特斯拉走上了截然不同的发展道路：谷歌转向全力研发L4 - L5级别的"完全不需要人类参与"的全自动驾驶汽车，而特斯拉则继续快速推进第一代AutoPilot的开发。这一决策标志着两家公司在自动驾驶技术的发展方向上的分道扬镳，谷歌专注于实现完全自动化，而特斯拉则采取了逐步迭代的策略，先实现半自动化，再逐步向全自动化迈进。

在此后的岁月里，中国的科技企业也纷纷投身无人驾驶技术的研发和应用，推动了该领域的迅速发展。从智能汽车制造商到人工智能技术公司，各方都在努力突破技术壁垒，致力于开发更先进、更安全的无人驾驶解决方案。这些企业不仅从事硬件制造，还在人工智能、数据处理和传感技术等方面进行创新，以提升无人驾驶系统的性能和可靠性。

然而，无人驾驶技术的不断发展也迎来了一系列新问题。安全性、法律法规、道路基础设施等方面的考量都需要被综合考虑，以确保无人驾驶技术的可持续发展和安全运行。因此，无人驾驶技术的普及和推广还需要政府、企业和社会各界的共同努力。通过这种合作，我们可以共同促进无人驾驶技术的健康发展，为构建未来的智能交通系统贡献力量。

拟人机器人

自古以来，人类就梦想着创造出与自己相似的人形机器人。这种梦想不仅仅是对技术和科学的向往，更深刻地反映了对人类自身身份、存在和未来的探索。

在古代的神话传说中，人形机器人的形象屡见不鲜。例如，古希腊神话中的赫菲斯托斯，就被认为是制造了许多人形机器人的神明之一。他用黄金和其他金属铸造了阿克托里亚斯（Talos），这位巨人拥有独立思维和行动能力，是克里特岛的守护者。又如，在中国古代的《列子·汤问》中，偃师创造的人偶虽然不是真正的机器人，但其栩栩如生的外表和惟妙惟肖的表演，给人们带来了对未来技术的美好幻想。

随着科技的发展，人类对人形机器人的向往也愈发强烈。19世纪末，早期科幻小说《弗兰肯斯坦》将人造生命的主题提升到了一个全新的高度。小说中，主人公维克多·弗兰肯斯坦使用科学手段创造了一个人形生物，并赋予了它自我意识和情感。尽管这个实验最终以悲剧收场，但它引发的关于技术、道德和人性的思考却深深影响了后世。

1927年，弗里兹·朗执导的电影《大都会》在电影史上留下了深刻的印记，特别是其中对机器人形象的塑造，为后世影视作品中的机器人形象设定了一个标准模板。在这部影片中，机器人被设计成具有类人的形态：拥有头部、两只胳膊和两条腿，外加一种冷酷且略带威胁的气质。这种设计深刻影响了人们对于机器人的一般想象，使得机器人不仅成为高科技的象征，更具备了一种近乎人类的视觉形象。

直到今天，无论是科幻电影、电视剧还是各类媒体报道，在提及人工智能时，经常会使用这种类似《大都会》中机器人的形象。这种设计的持久影响力表明，人类对于能模仿自身形态和智能的机器表现出了浓厚的兴趣和广泛的好奇心。机器人，尤其是类人机器人，已经成为人工智能领域的一种文化符号，它不仅代表了技术的进步，更是人类对未来生活方式的一种想象和预期。

人工智能的终极梦想之一，就是创造出可以与人类共存的智能机器人，不仅外形与人类相似，还拥有与人类相当的智慧和情感。它们可以在多种社会、家庭或工作场景中发挥作用，成为人类生活的助手和伙伴。实际上，许多人对拥有一个能帮助处理日常琐事的机器人管家充满期待，这不仅能显著提高生活质量，还能让人们从重复性劳动中解脱出来，将更多时间投入到更有创造性和满足感的活动中。

进入电气时代后，人们很快将相关技术应用到了机器人上。1927年，西屋（Westing House）公司的罗恩·温斯利（Ron Wensley）发明了一个名叫赫尔伯特·特利沃克斯的机器人。从本质上看，这个机器人只是一个电路板，可以根据声音控制开关完成一些动作。然而，这个电路板套上一个人形外壳后，就被标榜为机器人。这款机器人不仅外观丑陋，而且缺乏实用价值，甚至连广告公司都拒绝为其做广告。面对这一窘境，西屋公司不得不对特利沃克斯进行重新设计，给它增加了手脚，甚至加上了华盛顿的脸。这种重新包装的策略取得了意想不到的成功，将一块简单的电路板转变成了一个备受关注的高科技产品，甚至引起了美国军方的关注。

特利沃克斯的意外成功让西屋公司认识到了温斯利的才华。温斯利很快得到了提拔，并拥有了自己的研发团队。经过多年的努力，温斯利团队在1937年推出了机器人依莱克罗。与特利沃克斯相比，依莱克罗有了巨大的进步。它可以根据操控员的语音指令执行26种动作，包括走路、抽烟、数数等。尽管现在看来，这些动作显得有些呆板，而且语音指令仅限于固定的脚本，但在当时却显得十分惊艳。因此，很多人认为，依莱克罗是第一个真正意义上的人形机器人。

尽管依莱克罗的实用价值并不突出，但其宣传效果却是十分显著的。这款机器人成为科技领域的标志性产品，展示了当时技术的进步和创新。

1939年，瑞典发明家奥古斯特·哈蒙（Augusta Hamon）创造了一款具有里程碑意义的机器人，它能够接收无线电指令并实现行走。

1953年，机器人加科（Garco）问世，它可以在人的操纵下完成多项任务。这种机器人的出现进一步丰富了机器人的应用范围，尤其在工业生产和其他领域，提高了生产效率和工作效率。

1963年，美国国家航空航天局（NASA）制作了"机动多关节假人"，它不仅可以模仿三十多种人的动作，还能试穿宇航服。

1959年，Unimate#001号机器人的发明标志着机器人技术的一次重大突破。这款机器人由发明家约瑟夫·恩格尔伯格（Joseph F. Engelberger）和乔治·德沃尔（George C. Devol）联合开发。尽管它并非完全的人形机器人，而是一个机械手，但它的功能却令人惊叹。Unimate#001能够仿效人手完成各种复杂的工作，其设计精巧、灵活多变的操作方式让它成为工业界的一项革命性创新，很快就被广泛应用于工业领域，执行着各种各样的任务，包括装配、喷漆等工序。其操作灵活、效率高，极大地提升了工业生产的效率和质量。

Unimate#001的成功引领了机器人发展方向的转变。人们逐渐意识到，功能性更为重要，而不必过于重视人形外表。

20世纪60年代，日本的研究者开始开发能执行简单任务的机器人，这些早期的机器人外形和动作粗糙，主要被用于工业自动化，如汽车制造中的装配工作，为后来的技术发展奠定了基础。

1973年，日本早稻田大学发布了一款名为WABOT-1的人形机器人，由著名机器人专家加藤一郎设计。WABOT-1不仅可以用双脚行走、完成搬运物品等任务，还能使用简单的日语与人交流。

与过去的人形机器人不同，WABOT-1并不需要在操控员的控制下完成这些工作。它装备了先进的人工视觉和听觉装置，手部也配备了各种传感器，可以通过视觉、听觉和触觉来感知周围的环境，并根据感知到的信息来自主调整自己的动作和行为。这一创新性的设计使得WABOT-1能够更加灵活和智能地执行各种任务，从而更好地适应各种复杂的场景和工作环境。

WABOT-1的发布不仅引起了广泛的关注和讨论，更被认为是人类历史上人形机器人领域的一个重要里程碑。1984年，加藤一郎领导的团队再次引领了科技界的关注，推出了 WABOT 系列的新一代产品——WABOT-2。与前一代产品相比，WABOT-2 的定位被设定为音乐机器人，它不仅具备自主识别乐谱的能力，还能够根据乐谱自如地运用手指弹奏电子琴，被认为是人形机器人技术的重要突破。

WABOT-2 的问世引发了广泛的热议和关注，重新激发了人们对于人形机器人的兴趣。然而，随着技术的不断进步和研究的深入，人们也逐渐认识到，在当时的技术水平下，要实现完美的人形机器人依然面临着诸多难以逾越的困难。首先，要将机器人的智能水平提升到人类相当是一项几乎不可能完成的任务；其次，要让机器人成功实现人类的各种动作和行为也非易事。虽然 WABOT-2 的问世给人们带来了新的希望和想象，但人形机器人技术的发展道路仍然漫长而曲折。

进入20世纪80年代，随着微电子技术的进步，拟人机器人的开发迎来了新高潮。本田公司（Honda）在这一时期开始着手研发人形机器人，其目标是制造出能够行走的机器人，这一目标最终导致了机器人ASIMO的诞生。在ASIMO之前，本田已经制造了多个原型机，对ASIMO的诞生起到了至关重要的铺垫作用。

本田的E系列是一系列早期实验性的人形机器人，其中第一款双足行走的模型E0在1986年推出。E系列机器人具备自我调节功能和无线动作控制，能够在复杂环境中更稳定地行走和运动。继E系列之后，本田又推出了P系列机器人。P系列在平衡控制和人机交互方面取得了显著进展。

通过对E系列和P系列的持续研究和改进，本田积累了丰富的经验和技术知识，为ASIMO的研发奠定了坚实的基础。ASIMO的研发始于1999年，由本田位于日本和光市的基础技术研发中心主导。在2000年10月，ASIMO正式对外发布，标志着本田在人形机器人领域迈出了重要的一步。

ASIMO的全称为Advanced Step in Innovative Mobility（先进创新机动性步伐），体现了本田对于其机器人技术的高度期望。在日语中，Asi（腿）和Mo（移动性）的组合进一步强调了ASIMO的核心能力——行走。ASIMO的设计初衷不仅在于展示技术成果，更重视其实用性和互动性，希望其能够在多种环境中为人类提供帮助。

P3（左）和 ASIMO（右）的对比

ASIMO高130厘米，重54千克，这样的身型设计使其能够轻松操控门把手和灯的开关，非常适合用作行动辅助机器人。本田的研究显示，机器人的理想身高应位于120厘米到成年人平均身高之间，以便更好地融入人类的生活环境。

ASIMO的动力来源于一个51.8伏特的可充电锂离子电池，可提供大约

一个小时的续航时间。这种电池相比
2004年之前使用的镍氢电池，具有更长
的运行时间和更好的能量效率。机器人
内部搭载了本田自主研发的三维计算机
处理器，该处理器包括处理器、信号转
换器和内存模块三层堆叠芯片。ASIMO
的控制计算机单元位于其腰部，可通过
PC、无线控制器或语音命令进行远程操
控，增强了操作的灵活性和便捷性。

ASIMO拥有卓越的交互能力，能
识别移动物体、人体姿势、手势、周
边环境、声音和面部特征。它的头部

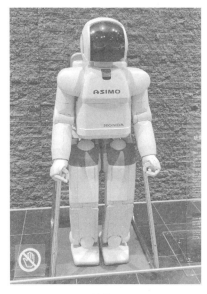

2001 款的 ASIMO

装有两只摄像头作为"眼睛"，可以捕捉视觉信息，检测多个物体的运
动，并准确计算它们之间的距离和方向。这种先进的视觉系统使ASIMO
在遇到人类时能自动跟随或转向面对对方。

此外，ASIMO能够理解语音指令和人类手势，如握手或挥手，从而做
出相应的反应。它能区分不同的声音，对呼唤其名字的声音做出反应，并
能识别与坠落物体或碰撞相关的声响。ASIMO还具备面部识别功能，能识
别大约10张不同的面孔，并能按名字称呼他们。

在自主导航方面，ASIMO装备了多项传感器，以增强其自我导航能
力。头部的两台相机作为视觉传感器，能探测障碍物。而躯干下部的地面传
感器则包括激光传感器和红外传感器，激光传感器主要用于检测地面情况，
红外传感器则基于亮度自动调整快门设置，用于检测地板上的标记，以确认
地图中预设的可通行路径。前后方的超声波传感器则用于探测障碍物，确保
ASIMO在移动时的安全性。这些技术的集成不仅令ASIMO能够在多变的环
境中保持稳定，也使其能够更准确地识别和适应其所处的位置，从而在实

际应用中发挥更大的作用。

　　作为本田的同行，丰田也积极涉足人形机器人的开发。丰田伙伴机器人（Toyota Partner Robot）系列是丰田公司精心研发的一系列人形机器人产品，它们首次在2005年日本爱知世博会上亮相。在这一盛大的场合中，机器人们敲着鼓、吹着小号，展现了音乐表演能力，成功吸引了人们的注意力。

　　丰田伙伴机器人系列包含多种不同的模型，每款机器人都设计有特定的运动系统以适应不同的功能和环境。例如，Version 1是一款能够双足

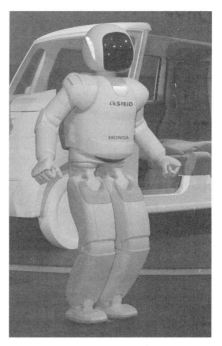

2011 年的 ASIMO

行走的机器人；Version 2和Version 3则采用了类似赛格威（Segway）的轮式移动方式，提高了在平面上移动的稳定性和速度；Version 4则引入了一种独特的线缆控制系统，通过精确控制线缆来模拟人类肌肉的动作，增加了机器人的灵活性；而i-Foot则是一款具备双足的机器人，能够攀爬阶梯，体现了丰田在机器人移动技术上的创新。

　　2009年7月，丰田向公众展示了伙伴机器人在跑步和站立技能方面的最新进展。发布的视频显示，这款机器人能在平坦表面上以每小时7公里的速度跑步。尽管目前仅限于平坦表面，但这一成就已经预示了未来机器人在更多自然环境中应用的可能性。

　　2017年，丰田发布了第三代人形机器人T-HR3，这款机器人的开发着眼于更广阔的应用领域，包括太空旅行。T-HR3采用了高度先进的遥控技术和平衡系统，使其能够在极端环境下执行任务，如在太空站内部操作或

在其他星球表面探索，展现了丰田在人形机器人技术领域的雄心和实力。

　　日本的电子产业巨头索尼在机器人领域也显著的成就，尤其是在非人形机器人的开发上，它们推出的电子狗AIBO就是一例。索尼计算机科学实验室（Sony Computer Science Laboratories, CSL）是AIBO产品系列的研发基地。CSL成立于1990年，其初衷是模仿施乐帕洛阿尔托研究中心（Xerox Palo Alto Research Center, PARC）的

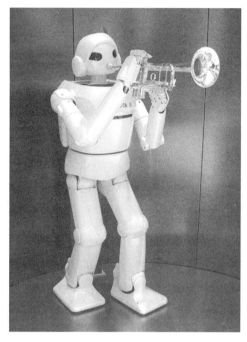

丰田伙伴机器人

创新模式，致力于开发前沿科技和探索未来可能的科技应用。

　　索尼CSL的第一个重大产品是Aperios操作系统，这是一个为嵌入式设备设计的实时操作系统，高度模块化和可扩展性使其成为后来部分AIBO机型的基础软件平台。1995年，索尼的总裁出井伸之（Nobuyuki Idei）大力推动公司的数字化转型，他的领导进一步提升了CSL的地位，使之成为公司内部极具影响力的研发部门。

　　AIBO的创意源自土井利忠博士（Toshitada Doi）的构想。1994年，土井博士与人工智能专家藤田昌宏（Masahiro Fujita）在CSL共同启动了机器人研究。藤田昌宏认为，要让机器人吸引人类的持续关注和兴趣，其行为必须具有一定的复杂性和不可预测性。即使是在当时语音识别和机器视觉技术尚不成熟的背景下，藤田昌宏提出，通过巧妙的设计，这些技术的初步实现也可以为娱乐型机器人带来新颖和有趣的特性。

在藤田昌宏的初期研究中，他开发了一款名为"MUTANT"的原型机器人，这款机器人具备了追踪黄色球体、握手、进行空手道攻击和模拟睡眠等功能。这些功能虽然简单，但极富创新性，并为后来的AIBO设计提供了实质性的基础。

艺术家空山基（Issey Miyake）受邀为AIBO的外观设计操刀。他将独特的艺术风格融入机器人设计中，不仅在技术上具有创新性，而且在视觉艺术上展现了极高的审美水平，使得AIBO的外观超越了传统的工业产品设计，成为一件现代艺术作品。如今，这些设计已被纽约现代艺术博物馆和史密森尼学会永久收藏。AIBO不仅在技术领域取得了成功，也在艺术领域获得了认可。初代AIBO的设计在日本赢得了极具声望的优良设计大奖最高奖，并在2000年德国红点设计大奖中摘得了特别智能设计奖。

1997年，在出井伸之的支持下，土井利忠成立了索尼数字生物实验室（Sony Digital Creatures Lab）。鉴于对未来家庭机器人普及的前瞻性思考，以及当时技术在功能性应用方面的局限性，土井利忠决定将研发重点放在娱乐型机器人上。AIBO可以响应超过100条语音指令，并能用音调语言或类似人类的语言发声，还可以根据编程发出各种其他声音。在美国市场，首批AIBO中有两只被带到纽约市，其中一只至今仍在ArtSpace Company Y LLC的档案馆和展览馆中展出，成为科技与艺术融合的范例。

后续版本的AIBO继续与多位著名的日本设计师合作，其独到的设计风格不断赢得各种国际设计奖项。然而，在2006年，索尼新CEO霍华德·斯金纳（Howard Stringer）做出了关闭AIBO及其他机器人项目的决定，这一决策引起了广泛的争议和讨论。对此，土井利忠组织了一场庄重的模拟葬礼，以此来纪念AIBO以及索尼在机器人领域的冒险精神。100多名来自索尼的同事参加了这一仪式。土井在仪式上表示，AIBO象征着索尼曾经敢于冒险的精神，而这种精神随着项目的关闭而逐渐消亡。

型号为 ERS-111 的 AIBO

型号为 ERS-1000 的 AIBO

此外，索尼也曾涉足人形机器人的开发。QRIO（原名为Sony Dream Robot，SDR）是索尼公司研发的一款双足人形娱乐机器人，其设计理念是延续并扩大索尼在AIBO娱乐机器人领域的成功。其标语"让生活充满乐趣，让你快乐！"体现了索尼希望通过技术提升生活质量的愿景。

踢球的 AIBO

QRIO被设计为一款具有高度动作自由度的机器人，拥有高级的平衡技术和运动能力，能够跑步、跳跃甚至跳舞。此外，它还具备声音和面部识别技术，可以识别和回应不同人的声音和表情，与人类进行基本的交流和互动。索尼在这一项目中投入了大量资源，希望通过QRIO在人机交互和机器人感知能力上取得突破。

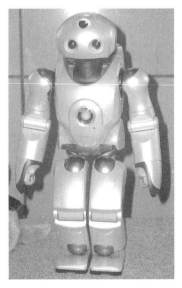

然而，尽管QRIO在技术上展示了令人印象深刻的成就，2006年1月26日，索尼仍宣布终止AIBO和QRIO的研发工作。这一决定是在索尼进行战略重组的背景下做出的，当时公司决定将资源集中在更具市场潜力的消费电子领域。QRIO的停产宣告了索尼在高级娱乐机器人领域的一个时代的结束。

2004 年的 QRIO

日本在机器人技术领域一直是全球的领先者，尤其在人形机器人的开发上。从国家层面到企业界，日本对机器人技术的热情可谓是无人能及。然而，尽管在人形机器人的硬件设计和制造方面都取得了诸多成就，但日本的人工智能研究相对缓慢，这种不平衡的发展模式在全球技术竞争中暴露出一些潜在的弱点。

在日本文化中，人形机器人享有特别的地位，这在很大程度上得益于日本丰富的漫画和动画传统。在日本，机器人不仅是科技产品，更是流行文化和艺术表达的一部分。它们在漫画和动画中扮演着英雄或伙伴的角色，引发了公众对科技潜力的广泛想象。

自20世纪50年代以来，日本的漫画和动画就已经开始描绘各式各样的机器人。例如，手冢治虫的《铁臂阿童木》就是一部标志性作品，它讲述了一个拥有超人力量和纯真心灵的机器人少年的故事。阿童木不仅展示了机器人作为正义斗士的形象，还表达了对机器人与人类在未来共存的乐观预期。这部作品在日本国内外均产生了深远影响，也为后来的机器人动画设定了一个高标准。

在随后的几十年中，更多以机器人为主题的作品纷纷出现，如《机动战士高达》《超时空要塞》和《福音战士新世纪》等，每一个作品都在推动着人形机器人形象的发展。这些作品中的机器人，从外形到功能，都极尽想象和创新，往往具备高度的人类化特征，如表情、语言甚至情感。它们不仅是战斗的工具，更多地扮演着保护者、伙伴甚至是心灵寄托的角色。

这些漫画和动画作品深深影响了日本社会，公众对机器人的接受度和热情，可以看作是对这些作品情感投入的延伸。因此，日本的机器人研发不仅仅是科技发展的需求，更是文化和情感需求的体现。研发者在设计人形机器人时，往往致力于使其外观和动作更加仿生化，力图让机器人能够更自然地模仿人类的行为和表情，甚至在某些高端模型中尝试实现复杂的人机交互，如语音识别和情感反应。

然而，随着全球技术竞争的演变，尤其是在21世纪初，当谷歌、Facebook和亚马逊等美国公司开始大力投资人工智能研究时，日本的技术发展战略逐渐暴露出局限性。与此同时，美国和中国等国家的研究者主要关注算法和软件的开发，特别是深度学习和神经网络等人工智能的核心技术。相比之下，日本在这些领域的投入相对较少，更多的是继续其在机器人硬件上的投资。

这种策略的背后，部分原因是日本在工业化进程中对硬件技术的依赖性较强，而软件和算法的发展并没有得到同等的重视。此外，日本的企业文化也更倾向于完善和改进现有技术而不是进行颠覆性的技术革新。这种保守的创新策略在短期内看似安全，但在全球技术快速变革的大背景下，它限制了日本在人工智能领域的竞争力，导致了日本在全球人工智能技术竞争中逐渐落后。虽然日本的人形机器人在技术展示和特定应用领域（如护理和服务业）中表现出色，但在需要复杂认知和决策能力的应用场景中，这些机器人的功能十分受限。

在日本以外，最出名的人形机器人是iCub。

iCub的设计初衷不仅是为了提供一个具体的研究工具，更是希望通过这种高度模拟人类儿童的方式来探索人类认知的本质。这种设计哲学认为：理解人类智能可能需要一个能够在人类社会和环境中自然地生活和学习的机器人。因此，iCub按照3至4岁儿童的大小和比例进行设计，这样它就可以在与儿童相同的生活环境中观察、学习并模仿人类行为。

为了使iCub能够在复杂的环境中自主行动和学习，它配备了先进的传感器系统，包括视觉、听觉和触觉传感器。它的眼睛内置高分辨率的摄像头，可以模拟人眼的视觉功能，它的指尖则装有触觉传感器，能够通过触摸来学习和探索物体。iCub还可以通过机器学习算法来处理这些感觉数据，学习识别对象和理解环境。

　　此外，iCub的开源特性极大地促进了国际合作和知识共享，使许多研究团队和学者可以自由地访问和修改其硬件和软件配置，以满足不同的实验需要。这种开源策略不仅加速了科学发现，也帮助构建了一个专注于人工智能和机器人学基础研究的全球研究社区。

　　由于iCub的多功能性和灵活性，它已被用于多个研究领域，包括语言学习、物理问题解决、社会互动和机器人伦理等。iCub不仅是一个技术研究的平台，更是一个提供关于人类认知发展洞见的实验实体，有助于我们理解智能是如何在人类历史中逐渐演化的。

iCub

　　今天的拟人机器人通过整合高级的传感器、人工智能和机器学习技术，展示了在复杂环境中导航以及与人类进行自然互动的卓越性能。这些机器人能够使用视觉、听觉和触觉等多种传感器来感知周围环境，识别和解释物体、声音和触觉信息，从而做出相应的反应。这种多感官集成使得机器人能够更好地理解和适应其操作环境。

　　有朝一日机器人在未来人类社会中会扮演主要的角色。它们不仅能在家庭中完成日常家务，提供陪伴和安全保障，还能在医疗、教育、灾难响应和其他领域发挥重要作用。例如，拟人机器人在危险环境中的应用能够保护人类免受风险，而在医疗领域，它们可以进行手术辅助或提供高质量的护理服务。此外，随着机器人在情感智能方面的进步，它们甚至可能成为人类情感支持的重要来源。

第六章

翻天覆地：
卷积神经网络的诞生

　　进入21世纪后，人工智能经历了翻天覆地的变化，从一个相对沉寂的计算机科学领域，迅速转变为全球范围内备受瞩目和热议的焦点。这种戏剧性的转变，主要得益于机器学习这一核心人工智能技术的突飞猛进。

　　机器学习作为人工智能的一个子集，专注于开发能够从数据中学习并做出智能决策的算法和模型。在过去的70年中，尽管人工智能领域经历了多次起伏，机器学习却始终沿着自己的道路稳步前行。然而，正如我们将要在本章中探讨的，人工智能与这个充满活力的分支学科之间的关系，并非总是一帆风顺，它们之间的互动有时候显得相当微妙和复杂。

　　随着机器学习技术的不断进步，它开始在多个行业中展现出巨大的潜力和价值。从语音识别和自然语言处理，到图像识别和推荐系统，机器学习的应用案例层出不穷，极大地推动了相关产业的创新和发展。这些成功案例不仅激发了公众对人工智能的兴趣，也吸引了大量的投资和人才涌入这一领域。

　　然而，随着人工智能的热度不断攀升，人们对它的期望值也在不断提高。在某些情况下，这种高涨的热情甚至导致了对人工智能能力的过度炒作。机器学习技术的快速发展，虽然带来了许多令人兴奋的可能性，但也伴随着一系列挑战和问题，如数据隐私、算法偏见，以及自动化带来的就业问题等。

此外，机器学习技术的普及导致对专业人才的需求急剧增加。教育和研究机构开始重视对机器学习相关课程的开发，以培养更多的专业人才。同时，企业和政府机构也在积极探索如何利用机器学习技术来提升效率、优化服务，并推动社会进步。

在这一过程中，人工智能和机器学习之间的关系也在不断演变。一方面，机器学习为人工智能的发展提供了强大的推动力；另一方面，人工智能的整体进步也为机器学习带来了新的机遇和挑战。两者之间的相互作用，不仅塑造了当前的技术格局，也将深刻影响未来的发展方向。

机器学习

在20世纪50年代，随着计算机科学的诞生，机器学习的概念开始在学术界萌芽。1959年，阿瑟·塞缪尔（Arthur Samuel）首次对机器学习进行了定义，将其描述为"让机器利用数据或以往的经验改善性能的过程"。这一定义为后续的研究方向指明了道路。

在20世纪50年代至70年代的早期探索阶段，研究者们主要集中于符号学习和逻辑推理。符号学习的核心在于知识表示和推理机制，它强调了对知识结构的理解和操作。逻辑推理为机器提供了一种强大的工具，使其能够从已知的事实中推导出新的结论。研究者们试图通过构建能够模拟人类思考过程的算法，来赋予机器学习和推理的能力。

然而，随着研究的深入，研究者们逐渐意识到，单纯的符号学习和逻辑推理并不能完全满足机器学习的需求。在20世纪70年代至80年代，研究者们开始将注意力转向更为实用的统计学习和模式识别技术。决策树

（Decision Tree）因其简单直观的特性，成为这一时期机器学习领域的一个标志性成果。

决策树是一种经典的机器学习模型，它由一系列问题组成，这些问题通常被称为"条件""分支"或"测试"，按照树的形式层层分明。每个非叶节点都包含一个条件，用以判断数据的某一特征是否符合某一标准，而每个叶节点则包含一个预测结果，代表模型对于该数据点的分类或者回归输出。

与自然界中的植物树不同，决策树的结构是根部（也就是第一个节点）位于顶部，而分支则逐渐延伸至底部。这种排列方式使得决策树更易于理解和解释，因为我们可以从顶部开始按照条件的不同路径逐步分析数据，最终到达叶节点得出结论。

决策树的构建过程通常涉及对数据集进行递归的分割，每次分割都旨在最大限度地减少数据集的不确定性，直到满足某种停止条件为止。这些停止条件可能包括节点中数据点数量的阈值，或者节点的深度达到了预先设定的最大值。一旦决策树构建完成，我们就可以使用它来对新的未见数据进行预测或分类。

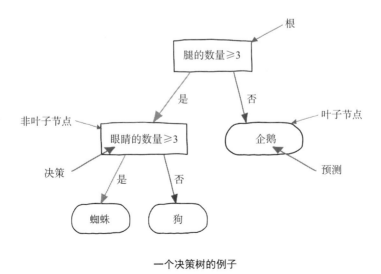

一个决策树的例子

与此同时，专家系统的发展也在这一时期推动了基于规则的学习。基于规则的学习是专家系统的核心，它依赖于一系列预先定义的规则来处理信息和做出决策。这些规则通常由领域专家提供，反映了特定情境下的决策逻辑。通过应用这些规则，专家系统能够模拟专家的决策过程，提供高度专业化的建议和解决方案。

在20世纪80年代末，随着联结主义（Connectionism）的兴起，神经网络（Neural Networks）开始成为机器学习领域的一个热点。联结主义是一种受人脑结构和功能启发的计算模型，它通过模拟神经元之间的联结来实现信息处理和学习。在这一时期，神经网络因其强大的非线性建模能力和对复杂模式的识别潜力而备受关注。

特别是监督学习的普及，为之后的人工智能研究提供了重要的方法。

监督学习是机器学习的一种主要范式，其核心思想是通过给定输入和相应的输出数据来训练模型，以便模型能够学习输入和输出之间的映射关系。在监督学习中，我们给训练模型提供的数据包括输入特征和对应的目标输出。模型根据这些数据进行学习，并试图找到一个函数或规则，将输入映射到正确的输出。

监督学习就像是教小孩学习认字。想象一下，你给小孩看一堆不同的图片，比如狗、猫、树、车等，然后告诉他们每张图片对应的名字。你不断地重复这个过程，直到小孩能够准确地将图片和名字配对起来。这里，你就是"监督者"，而小孩学习的过程就是"学习"。在机器学习中，我们也是这样做的：我们给算法看大量的输入数据和对应的正确答案，让算法学会从输入数据中找到规律，从而能够准确地预测出正确的答案。

然而，后续的发展并非一帆风顺。进入20世纪90年代，由于计算能力的限制和过拟合（Overfitting）问题，神经网络遭遇了发展的低谷。过拟合是指模型在训练数据上表现得很好，但在未见过的数据上表现差，这限制了神经网络在实际应用中的有效性。同时，当时的计算机硬件还不足以支持大规模神经网络的计算需求，这也制约了神经网络技术的发展。

尽管如此，神经网络的低谷期也使得机器学习领域进行了重要的反思和沉淀。研究者们开始探索新的算法和模型，以解决过拟合问题，并提高模型的泛化能力。此外，如何更有效地利用计算资源来训练复杂的神经网络，也成为研究的重点。

随着21世纪的钟声敲响，机器学习领域迎来了新的发展机遇。在21世纪初至2010年这段时间，数据量的激增和计算能力的提升为机器学习的进步提供了强大的动力。机器学习不仅在理论研究上取得了突破，而且在实际应用中展现出了巨大的潜力。

支持向量机（Support Vector Machine, SVM）和随机森林（Random Forest）等算法在这一时期得到了广泛的应用。支持向量机是一种监督学习算法。想象一下，你在一片草地上看到了一群黑色的点和一群白色的点，它们混在一起。你的任务是找到一条线，将黑点和白点分开。支持向量机会找到一条最佳的线，让黑点和白点之间的距离尽可能地远，并且尽可能地避免分错。这条线被称为"边界线"或"超平面"，而位于边界线上的点就是"支持向量"。支持向量机的目标就是找到这条最佳的边界线，从而对新的数据进行准确的分类。随机森林则是一种集成学习算法，它通过构建多个决策树并进行投票或平均，来提高模型的性能和泛化能力。这些算法在图像识别、文本分类、生物信息学等多个领域中取得了显著的成效。

此外，机器学习开始与统计学、优化理论等其他领域深度融合。统计学为机器学习提供了严谨的概率模型和假设检验方法，优化理论则为算法的收敛性和效率提供了理论保障。

机器学习的研究不再局限于单一的算法或模型，而是开始关注算法的泛化能力、计算效率和可解释性。研究者们致力于开发更加健壮和可靠的机器学习算法，以适应日益复杂的数据和任务需求。同时，机器学习的应

179

用也开始从学术界走向工业界，许多科技公司开始利用机器学习技术来优化产品和服务，提高运营效率。

自2010年起，机器学习领域经历了一场由深度学习引领的革命性突破，这一变革标志着机器学习正式迈入了一个全新的时代。2012年，深度学习技术在图像识别领域取得了划时代的成就，不仅震撼了学术界，也引起了工业界的广泛关注。

在这一时期，卷积神经网络（Convolutional Neural Networks, CNN）和循环神经网络（Recurrent Neural Networks, RNN）等深度学习模型在语音识别和自然语言处理等众多领域取得了令人瞩目的成功。这主要得益于它们在非线性特征提取和端到端学习方面的核心优势。

卷积神经网络特别擅长处理图像数据。通过多层的卷积和池化操作，它们能够自动学习图像中的特征，无须人工设计特征提取器。这使得CNN在图像分类、目标检测等任务中表现出色，极大地推动了计算机视觉技术的发展。而循环神经网络有独特的循环结构，能够有效处理序列数据，特别适用于语音识别和自然语言处理任务。RNN能够捕捉到时间序列中的长期依赖关系，为理解语言和语音提供了强大的工具。

深度学习的核心在于其非线性特征提取能力，这使得机器能够从原始数据中学习到复杂的模式和关系。与传统的机器学习方法相比，深度学习减少了对特征工程的依赖，使得机器学习模型能够更加直接地从数据中学习。此外，端到端的学习方式简化了从数据到决策的整个流程，提高了学习效率，并且往往能够获得更好的性能。

随着深度学习技术的不断进步，机器学习的应用范围得到了极大的拓展。从医疗健康到金融服务，从智能制造到智能交通，深度学习正在推动着各行各业的创新和发展。同时，深度学习也在推动机器学习理论与其他学科的交叉融合，如认知科学、心理学等，为我们理解智能的本质提供了新的视角。

感知机

机器学习的另一项重要进展是感知机（Perceptron）的研究。感知机是一种早期的机器学习模型，由心理学家弗兰克·罗森布拉特（Frank Rosenblatt）于1957年提出，旨在模拟人脑神经元的工作方式。罗森布拉特构想感知机作为一种能够执行自动学习任务的机器，在当时是极具前瞻性的。

感知机模型主要用于处理简单的二元分类问题，即将数据点分为两个类别。这种模型在结构上类似于单层神经网络，包含输入层和输出层，但不包括中间或隐藏层。输入层接收输入数据，并将数据通过一系列权重传递给输出层，输出层则基于这些加权输入产生一个输出值。感知机通过调整连接输入和输出的权重来学习，这一过程通过反复迭代训练数据并调整权重以最小化错误。

在操作上，感知机通过接收多个输入信号，计算它们的加权和，然后通过一个阈值判断输出结果。如果加权和超过这个阈值，感知机输出一类标签；如果没有超过，输出另一类标签。权重代表了每个输入特征对最终判断结果的重要性，而这些权重的设定和调整是感知机学习过程的核心。

在感知机的训练过程中，它通过不断调整这些权重来改进其分类准确性。具体来说，每当感知机在某个数据点上犯错时，它会根据错误的程度和方向调整权重。这个过程涉及简单的数学运算，主要是加法和乘法，使得感知机逐渐学会如何通过输入特征来预测正确的分类。

想象一下，你正在举办一个派对，并希望通过简单的规则来判断谁能进入VIP区域。假设有两个标准：一是客人的年龄，二是客人是否持有特别邀请函。这个决策可以通过一个简单的感知机模型来实现。

在这个例子中，感知机的输入特征就是每个客人的年龄和是否持有邀请函的信息。我们可以把"年龄"和"邀请函"看作是感知机的两个输入。比如，我们可以设定年龄超过18岁后，每超过一岁就加2分，持有邀请函加5分。这些分数就是输入特征的权重。

接着，我们设定一个阈值（比如7分），来判断是否允许某位客人进入VIP区。当客人的总分（年龄和邀请函的加权和）达到或超过这个阈值时，感知机输出"允许进入"（输出1）；如果低于这个阈值，则输出"不允许进入"（输出0）。

例如，一位25岁的客人，有邀请函。根据我们的加权规则，这位客人的得分为$2 \times (25-18)+5=19$分，显然超过了7分的阈值，因此感知机输出1，表示这位客人可以进入VIP区。如果是一位16岁的客人，没有邀请函，他的得分为：$0+0=0$分，因此输出为0，表示这位客人不可以进入VIP区。

在这个过程中，如果我们发现规则不够准确，比如某些应该能进入的客人被拒之门外，我们就需要调整权重或阈值。这种调整过程类似于感知机的训练过程，目标是优化权重，使得模型的决策尽可能符合实际情况。

但事实上，之后神经网络和感知机的发展并不顺利，反而遇到了一个极大的阻碍。

人工智能领域在其早期就产生了两个主要的学派：符号主义和联结主义。这两个学派代表了不同的观点和方法，关于如何构建具有智能能力的计算机系统。

符号主义核心观点是认为人工智能系统可以通过理解和操作符号或规则来表现智能。符号主义者相信，通过处理和推理符号，计算机可以模拟人类的认知过程。这意味着人工智能系统应该能够理解自然语言的语法和语义，以及以符号的方式表示知识和信息。这种方法在早期的专家系统中得到了广泛应用，专家系统使用规则和符号来模拟领域专家的知识和决策过程。符号主义强调了知识表示和推理的重要性，认为这是实现人工智能的关键。明斯基、西蒙都是主要的符号主义拥护者。

联结主义强调了模拟神经网络和大脑学习过程的重要性。联结主义者认为，机器可以像人脑一样学习和适应环境，而不是依赖于预先编程

的规则。他们构建了人工神经网络，这些网络由许多简单的处理单元
（神经元）组成，单元之间通过联结进行信息传递。通过调整联结的权
重，神经网络可以自动学习并执行各种任务，包括模式识别和分类。联
结主义强调了学习和数据驱动方法的重要性，认为这是实现智能的途径
之一。

　　在1969年之前，符号主义和联结主义都在人工智能领域共同发展，
但符号主义稍微占据上风。其中Dendral的创造者分别是西蒙的学生爱
德华·费根鲍姆（Edward Feigenbaum）和乔舒亚·莱德伯格（Joshua
Lederberg），费根鲍姆获得了1994年的图灵奖，而莱德伯格是1958年诺贝
尔生理学或医学奖得主。Dendral在当时基本上算是集合学术圈最优质的资
源于一体。

爱德华·费根鲍姆　　　　　　　　乔舒亚·莱德伯格

　　而早期的联结主义研究受计算资源和理论基础的限制，在当时相对
边缘化。

　　明斯基在后来的研究中对联结主义产生了一定程度的怀疑，并在其著
作《感知器》中提出了一些批评感知器的观点，并指出了它的局限性。他

们特别强调了感知器模型在解决一些复杂问题时的限制，包括不能解决异或问题（XOR问题）。明斯基认为感知机就像在一个房间里，如果我们只能用一根绳子把站在里面的人分成两组，而绳子不能弯曲，那么在某些情况下我们是无法做到完美分组的。明斯基和西蒙的观点在一段时间内对联结主义研究产生了一定的抑制作用。

前文提到的人工智能的冬天也和这件事相关。

明斯基在1969年获得了图灵奖，这不仅是对他在人工智能领域贡献的认可，也凸显了知识表示和符号处理在该领域的重要性。这一荣誉在一定程度上提升了符号主义的声誉和地位。然而，联结主义并没有因此而彻底退出历史舞台。弗兰克·罗森布拉特在1968年的文章中提出的一些联结主义的观点和解决方案，尽管当时未引起广泛关注，但后来的研究者在这一领域取得了显著进展。不幸的是，罗森布拉特在1971年遭遇事故离世。

为了克服感知机的局限性，科学家们发明了更复杂的模型，把很多感知机连在一起，形成了神经网络。

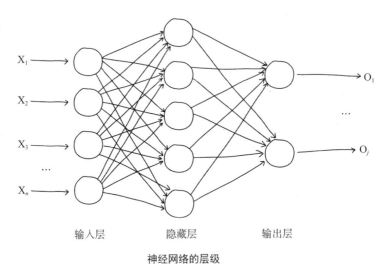

神经网络的层级

神经网络是一种受到人脑工作方式启发而设计的计算系统，其核心是通过多个层级的节点（也就是神经元）进行信息的处理和传递。这些层级通常包括输入层、隐藏层和输出层，每个层级都承担着不同的任务和功能，共同协作以完成复杂的数据处理和学习任务。

输入层是神经网络的第一层，负责接收外界输入的数据。这些数据可以是图像的像素值、文本信息或其他类型的原始数据。输入层的神经元数量通常取决于输入数据的维度。例如，对于28×28像素的手写数字图像，输入层可能包含784个神经元，每个神经元对应图像中的一个像素点。

隐藏层位于输入层和输出层之间，可以由一个或多个层级组成。隐藏层的神经元通过加权联结与输入层相连，负责传递和处理数据。隐藏层的神经元数量和层数是可调的超参数，它们对网络的容量和学习能力有着直接影响。隐藏层的每个神经元都会对从前一层传入的数据进行加权求和，然后通过一个激活函数进行非线性转换。激活函数的作用是引入非线性因素，使得神经网络能够学习和模拟复杂的函数关系。

输出层是神经网络的最后一层，其神经元的数量通常取决于任务的类型。对于分类任务，输出层的神经元数量通常等于类别的数量。输出层的神经元同样通过加权联结与前一层的神经元相连，它们对输入数据进行最终的处理和输出。输出层的输出值通常会通过一个特定的激活函数进行转换，以满足任务的需求，如在多分类任务中，softmax函数可以将输出转化为概率分布。

在这些层级中，权重和偏置是网络学习的主要参数。在训练过程中，神经网络通过反向传播算法和梯度下降法不断调整这些参数，以最小化预测输出和真实标签之间的差异，从而提高模型的性能和准确度。

什么是卷积神经网络

卷积神经网络是一种深度学习技术，广泛应用于图像和视频识别、语音识别和自然语言处理等领域。这种网络的设计灵感来自生物的视觉皮层，特别是那些负责处理光线、形状、颜色等视觉信息的神经细胞。在卷积神经网络中，每一层都会对输入信息进行特定的处理，通过这样的层级处理，网络能够识别出越来越复杂的特征。

卷积神经网络的核心组成部分包括卷积层、池化层和全连接层。卷积层是CNN的基础，它通过滤波器（也称为卷积核）在输入数据上滑动，提取出数据的局部特征。每一个滤波器都能够识别出输入数据中的特定模式，这些模式可能是边缘、角点或者其他更复杂的形状。随后，池化层会对卷积层的输出进行下采样，这一操作可以减少数据的维度，同时保持重要的特征信息。最后，全连接层将卷积层和池化层提取的高级特征组合起来，用于分类或者其他任务。

举个例子，假设你有一个应用，它的任务是从照片中识别和标记人脸。为了完成这个任务，我们可以使用卷积神经网络来处理和分析图像数据。

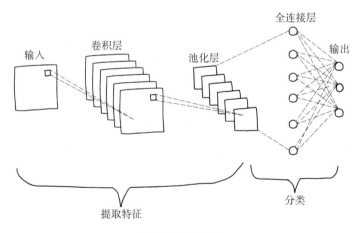

卷积神经网络的结构

首先，原始的图像数据（比如一张包含多个人面部的照片）会输入到CNN模型中。图像本质上是由像素组成的，每个像素有RGB（红绿蓝）三个颜色值，这些值表达了颜色的强度。

在图像被输入到神经网络进行处理之前，它首先会经过若干个卷积层。这些卷积层的主要作用是从原始图像中提取有用的视觉特征，如边缘、颜色块、纹理等。特征提取是通过使用一系列不同形状和大小的滤波器完成的，每种滤波器都专门设计来捕捉图像中的某种特定信息。

卷积层的工作原理类似于一种滤镜效果，它通过滑动各种滤波器来操作图像。每个滤波器都在图像的不同区域进行局部接收字段的扫描，覆盖图像的不同部分，并在每个位置计算滤波器与图像局部区域之间的点乘。这一过程产生了新的图像层，即特征图（feature maps），这些特征图在视觉上强调了原始图像中的某些特征，如某个滤波器可能专门用于检测水平或垂直的边缘。

通过这种方式，卷积层能够将复杂的图像分解为更易于分析的形式，每个特征图代表图像中的某种特定信息。例如，初级卷积层可能专注于捕捉边缘和角点，而更深层的卷积层则可能解析更复杂的图像内容，如物体的部分或整体形状。随着数据在网络中的深入，通过叠加多个卷积层，网络能够从简单特征逐渐过渡到复杂特征的抽象，这使得网络在处理图像分类、物体识别等任务时更为有效和精确。

此外，卷积层的设计还考虑到了效率和效果的最大化。例如，通过使用较小的滤波器和较大的深度（即多个滤波器），卷积层可以在不显著增加计算负担的情况下，提供足够的参数来捕获图像中丰富的特征信息。这种设计允许网络通过学习图像的内在结构，即使在视觉数据复杂或变化大的环境中，也能保持良好的泛化能力。

接下来，在经过卷积层处理提取特征后，输出通常会进入到池化层。池化层的主要功能是简化信息，以减少数据的处理量，提高计算效率，并在一定程度上防止过拟合。池化可以采用多种方式，最常见的是最大池化，它从覆盖的区域内选择最显著的特征进行保留，例如最亮像素点。这样的处理不仅大幅降低了数据的维度，还保留了图像的主要特征，如纹理的关键部分或边缘的主要方向，从而使得网络能在更深的层次上构建对图像的抽象理解。

在一个典型的深度学习架构中，卷积层和池化层可能会多次交错。这种设计让每一层都能在前一层提取的特征基础上进一步构建更高级的图像特征。例如，网络的初始层可能专注于识别图像中的简单边缘和角点，这些是视觉识别中的基本元素。随着网络层次的深入，后续层则可能开始识别由边缘和角点组成的更复杂结构，如物体的轮廓和部分特征。在更深的层次中，网络可能能够识别出复杂的对象部分，如人脸的眼睛、鼻子等特征。

这种层次化的特征提取过程是深度学习模型特别适合处理图像和视觉数据的原因之一。通过逐层提取更加复杂和抽象的特征，网络能够逐步构建对整个图像内容的全面理解，这意味着整个网络能够在多个层次上集成和优化图像信息，最终实现高效和准确的图像分类或识别。

此外，这种从简单到复杂的递进方式不仅提高了模型在特定任务上的表现，也增强了模型对新、未见过数据的泛化能力。例如，即使在光照、角度或环境条件发生变化的情况下，经过充分训练的深度网络仍然能够准确识别目标对象。这些能力使得深度学习成为计算机视觉及相关领域中不可或缺的工具，广泛应用于从自动驾驶到医疗影像分析等多种高技术领域。

经过多个卷积和池化层的处理后，卷积神经网络会将这些高级特征图转换为一个长向量，即一组数组，这一过程被称为平坦化（Flattening）。

这个向量随后被送入一个或多个全连接层，这些层密集地连接着网络中的每一个神经元，使得它们可以处理整个图像被提取和转换后的信息。在全连接层中，网络利用所有先前层次中提取的特征进行权重的综合和激活，以做出具体的分类或识别决策。例如，对于面部识别任务，全连接层会分析整合后的特征来决定每个图像区域是否包含人脸。

全连接层的输出是每个区域是否含有人脸的概率。这些概率值反映了网络根据学习到的特征在每个区域检测到人脸的信心程度。如果概率足够高，那么该区域就会被标记为含有人脸。通过这种方式，卷积神经网络能够从原始的像素数据中学习到如何识别复杂的模式和对象，如面部识别示例中所展示的。

CNN的一个显著优势在于其能自动并且有效地从数据中学习到从低级到高级的图像特征，无须依赖人工设计或预先定义的特征提取方法。这使得CNN成为处理图像和视频数据的强大工具，特别是在需要从大量数据中自动提取信息和进行复杂决策的应用中。不同的卷积层能够捕捉到不同层次的特征，从简单的边缘到复杂的对象部件，这种从局部到全局的学习方式与人类的视觉系统的处理机制相似。此外，卷积层中的参数共享减少了模型的复杂度，使得训练变得更加高效。

搞明白了卷积神经网络，我们就要了解它是怎么诞生的了。

卷积神经网络的诞生

在20世纪60年代左右，加拿大神经科学家大卫·H.休贝尔（David H. Hubel）和托斯滕·威瑟尔（Torsten Wiesel）在进行视觉神经生理学的研究时，取得了开创性的发现。他们在研究猫的视觉系统时，首次发现了大脑视觉中枢中的感受野（receptive field）结构、双目视觉以及其他几种复杂的功能结构。这些发现不仅揭示了视觉信息是如何在大脑中被处理的，而且指出了神经元网络是如何在视觉识别中起作用的。

休贝尔和威瑟尔通过精密的实验方法，细致地记录了单个神经元的活动，观察了它们在特定视觉刺激下的响应。他们发现神经元的响应模式与刺激的方向、大小和形状密切相关，这表明视觉系统中的神经元是高度专门化的。他们的研究展示了一个层级化的处理系统，其中不同层级的神经元负责处理不同类型的视觉信息，从简单的边缘和条纹检测到更复杂的形状识别。

这些成果极大地推动了人们对视觉皮层信息处理机制的理解，也为后来的人工神经网络设计提供了重要的生物学基础。事实上，休贝尔和威瑟尔的工作启发了计算机视觉和机器学习领域的许多研究，特别是在模拟人类视觉系统处理图像的方法上。

由于在视觉系统中信息处理方面的杰出贡献，休贝尔和威瑟尔在1981年被授予诺贝尔生理学或医学奖。这一奖项不仅肯定了他们对神经科学领域的巨大贡献，也标志着神经网络研究在理解和模拟人类认知过程中的关键作用。

在1980年前后，日本科学家福岛邦彦（Kunihiko Fukushima）受休贝尔和威瑟尔研究的启发，进一步模拟生物视觉系统，并提出了一种名为"神经认知"（neurocognitron）的层级化多层人工神经网络模型。这一模型旨在处理手写字符识别和其他复杂的模式识别任务，是最早提出的深度学习算法之一，对后续的人工智能研究产生了深远影响。

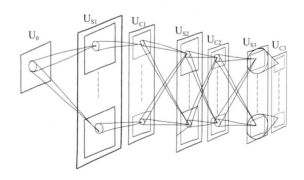

福岛邦彦的神经认知模型

神经认知模型具有深度结构的特点，其构架中包含多个交替的层级，分别是S层（Simple-layer）和C层（Complex-layer）。S层主要负责提取输入图像的局部特征，而C层则进一步对这些特征进行抽象和容错处理。这种设计使得神经认知模型在处理视觉信息时，能够模拟生物视觉中的层级信息处理机制，提高图像识别的准确性和鲁棒性。

福岛邦彦的这种层级化设计，尤其是其对局部特征提取和处理的方法，部分实现了现代卷积神经网络中卷积层和池化层的功能。因此，神经认知模型不仅是深度学习领域的一个重要里程碑，也被广泛认为是现代卷积神经网络的前身。福岛邦彦首次定义了CNN的网络结构，为后续深度学习和计算机视觉的发展奠定了坚实的基础。

此外，神经认知模型的提出和成功应用，极大地推动了神经网络研究的发展。它证明了使用多层次和层级化的神经网络模型来模拟复杂认知过程的有效性，并为后来的研究者提供了新的视角和方法，使他们能够探索更多使用深度学习解决实际问题的可能性。

杨立昆（Yann LeCun）在深度学习和人工智能领域的贡献不仅是革命性的，更是塑造当代技术景观的关键因素。他在法国巴黎第六大学（现索邦大学）的学术旅程为他后来的研究工作奠定了坚实的基础。1987年，杨立昆在法国国家信息与自动化研究所（INRIA）完成博士学位，他的博士论文主要研究机器学习在手写字符识别上的应用，这一研究领域后来证明是人工智能应用的关键领域之一。

在贝尔实验室任职期间，杨立昆进行了一些开创性的研究，特别是在卷积神经网络的早期发展中。

1998年，杨立昆将神经认知模型的核心理念提炼并融合了反向传播（BackPropagation，BP）算法，创新性地提出了卷积神经网络算法LeNet-5。这一算法是LeNet系列中表现最为出色的版本，主要用于手写字符的识别与分类。LeNet-5的开发不仅标志着卷积神经网络结构的完善，而且影响深远，现代所有神经网络设计几乎都是在这一结构基础上进行扩展和优化的。

LeNet-5的成功在于它极大地提升了手写字符识别的准确性和效率。这一技术迅速被美国的银行系统采用，特别是在处理大量客户手写的支票数据时，显示出了极高的实用价值。通过自动识别和分类手写数字，LeNet-5极大地提高了银行处理支票的速度和准确性，从而降低了人力成本，缩短了客户等待时间，同时也减少了因手写识别错误而产生的财务差错。

尽管LeNet-5取得了显著的成就，但在最初的阶段，其性能并不能完全超越当时的传统机器学习算法。这主要是因为当时的计算环境缺乏合适的硬件来加速神经网络的训练和推理过程，特别是在处理大规模数据集时。当时的计算机硬件，特别是CPU的计算能力，还不能满足大规模神经网络密集型计算的需求。因此，尽管理论上具有先进性，LeNet-5的实际应用效果在一定程度上受到了硬件限制。

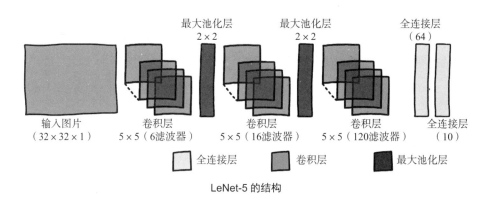

LeNet-5 的结构

在纽约大学担任教授期间，杨立昆继续研究深度学习，并致力于教育和培养下一代科学家。他的教学和研究工作吸引了众多优秀学生，其中许多人后来在学术界和工业界都取得了显著成就。

接下来的故事和一位华裔科学家相关。

李飞飞，1976年出生于中国北京，并在四川成都度过了她的童年。1992年，15岁的李飞飞随家人移居美国，开始了新的生活。在帕西帕尼高中，李飞飞以优异的成绩毕业，进入了普林斯顿大学，开始了她在物理学领域的本科学习。1999年，她获得了物理学高级荣誉学士学位。随后，她转向计算机视觉，并于2001年加入加州理工学院，师从计算机视觉领域的权威皮特罗·佩罗纳（Pietro Perona）教授和克里斯托夫·科赫（Christof Koch）教授。她的研究集中在神经科学与计算机科学的交叉学科，特别是探索视觉识别的计算模型与人类心理物理学的关系。2003年，李飞飞获得了电气工程科学硕士学位，2005年获得了同一专业的博士学位。她的博士研究不仅获得了美国国家科学基金会（National Science Foundation, NSF）的研究生奖学金支持，还得到了保罗与黛西新美国人奖学金的资助。

2005年8月，李飞飞开启了她在学术界的职业生涯，先后在伊利诺伊大学厄巴纳-香槟分校的电气与计算机工程系以及心理学系担任助理教授。

2007年，李飞飞与普林斯顿大学的教授克里斯蒂安·费尔鲍姆（Christian Fellbaum）进行了一次重要的会面。费尔鲍姆教授是语义词典WordNet的创建者之一。在这次会面中，李飞飞受到了WordNet在语义组织方面的启发，计划将类似的结构应用到ImageNet项目中。在这个项目中，李飞飞和她的团队采用了WordNet的单词数据库作为架构，利用它的分类系统来组织图像，这使得ImageNet不仅仅是一个图像库，更是一个能够描述世界视觉信息的词典。

为了有效地分类数百万张图片，团队采用了亚马逊的众包平台Mechanical Turk。利用这个平台的力量，图像的分类工作得以在全球范围内快速、低成本地进行。这种创新地使用众包技术为ImageNet的建立提供了必要的人力资源。

2009年，李飞飞带领她的团队加入斯坦福大学计算机科学系。同年，在美国佛罗里达州举行的计算机视觉与模式识别会议（CVPR）上，她首次通过学术海报的形式向公众展示了ImageNet数据库。

从2010年起，ImageNet开始举办年度大规模视觉识别挑战赛（ImageNet Large Scale Visual Recognition Challenge, ILSVRC），这一赛事

很快成为计算机视觉领域的标杆和技术推动力，吸引了来自世界各地的研究团队，前来展示和测试自己的最新技术，尤其是在图像分类、物体检测和图像分割等任务上。

最初，ILSVRC仍然依赖传统的图像识别方法，如基于尺度不变特征变换（Scale-Invariant Feature Transform, SIFT）和支持向量机（Support Vector Machines, SVM）。这些技术依赖于精心设计的特征提取和复杂的分类技术来处理图像数据。虽然在较小的数据集上表现出色，但在处理如ImageNet这样庞大且复杂的数据集时，面临着效率和准确性不足的问题。

然而，一种创新的转变即将到来。由多伦多大学的杰弗里·辛顿（Geoffrey Hinton）领导的团队带来了一种革命性的模型——AlexNet。这个模型由亚历克斯·克里兹赫夫斯基（Alex Krizhevsky）、伊利亚·苏特斯韦尔（Ilya Sutskever）和辛顿共同开发。虽然卷积神经网络的概念早已被提出，并由杨立昆等研究者在早期研究中使用，但直到AlexNet出现，卷积神经网络在大规模数据集上的潜力才得到了充分展示。

AlexNet的设计集合了多个先进的技术和方法论，使其能有效处理复杂的图像识别任务。该模型包括多个卷积层，这些层的主要作用是通过滤波器（或称为卷积核）提取输入图像中的局部特征；每个滤波器专注于捕捉图像中的不同特征，例如边缘、颜色或纹理等。随后的最大池化层则进一步处理这些特征，通过降低特征的空间大小来减少参数数量和计算复杂度，同时保持重要信息，增强模型对图像中位置变化的鲁棒性。

局部响应归一化层（Local Response Normalization, LRN）是AlexNet另一层次的创新。通过对活跃神经元的输出进行归一化处理，该层能够模拟生物神经系统中的"侧抑制"机制，有助于增加神经元间的竞争，从而让较大的响应抑制其他较弱的响应，增强了模型的泛化能力和对不同特征的敏感度。

最引人注目的是，AlexNet在其网络中首次使用线性修正单元

（Rectified Linear Units, ReLU）作为激活函数。与传统的Sigmoid或Tanh激活函数相比，ReLU提供了一个非常简单的非线性转换max（0，x），允许模型加快训练过程中的收敛速度，同时避免了在深层网络中常见的梯度消失问题。此外，AlexNet还采用了Dropout技术，这是一种在训练过程中随机丢弃部分网络连接的方法，可以有效地减少过拟合现象，使网络在处理未见过的新数据时表现出更好的泛化能力。

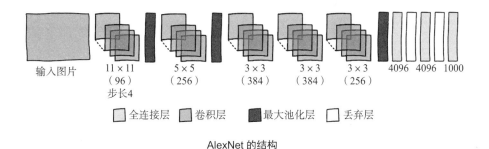

AlexNet 的结构

AlexNet的另一个关键创新是利用GPU加速计算过程。在AlexNet的开发期间，使用GPU进行深度学习的训练还不是一个常见的选择，而AlexNet利用GPU强大的并行处理能力，大幅缩短了训练时间，使处理复杂的图像任务和大规模数据集成为可能。这一策略极大地推动了深度学习技术的发展，使得研究人员能够在可接受的时间内训练更大、更深的网络，探索更加复杂的模型架构。

这些技术的集成让AlexNet在2012年的ILSVRC中取得了压倒性的胜利，其错误率远低于使用传统方法的其他参赛团队。AlexNet的成功不仅证明了深度学习在视觉任务中的强大能力，也推动了整个计算机视觉领域向深度学习方法的转型。从此，深度卷积网络成为图像识别和计算机视觉研究中的主流方法，极大地推动了相关技术和应用的发展。

之后，VGG和GoogleNet是两个经常被提及的经典模型。它们分别代表了不同的设计理念和架构，对于深度学习的发展和应用都有着重要的影响。

VGG是由牛津大学的研究团队开发的一种非常经典的卷积神经网络架构。核心思想是采用一系列连续的卷积层和池化层，通过不断堆叠这些层来构建深度网络。相比于之前的一些网络结构，如LeNet和AlexNet，VGG具有更深的网络深度，能够更好地捕捉数据中的复杂特征。VGG的结构非常简洁明了，所有的卷积层都采用了相同大小的卷积核和相同的步幅，这使得网络的设计变得更加统一和易于理解。然而，由于网络的深度较大，VGG模型在参数数量和计算复杂度上都较高，因此训练和推理过程需要较大的计算资源和时间。

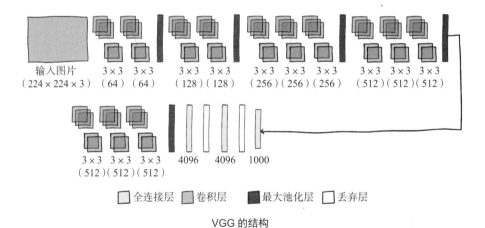

VGG 的结构

GoogleNet则采用了一种全新的设计思路，由Google的研究团队开发。其主要特点是引入了Inception模块。这种模块是一种多分支的卷积结构，通过在不同大小的卷积核上进行卷积操作，并在各个分支中采用不同大小的池化和卷积操作，从而在不同尺度上捕捉图像的特征。这种设计能够在不增加模型参数数量的情况下，扩展模型的感受野和提升其特征表达能力。

此外，GoogleNet还巧妙地引入了1×1的卷积操作，用于降低通道数，减少模型的计算复杂度。这些创新使得GoogleNet在保持良好性能的同时，大大减少了模型的参数数量和计算成本，成为深度学习领域一个既高效又强大的模型选择。

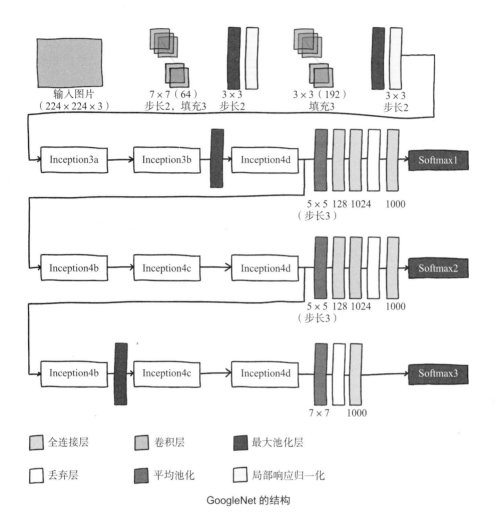

GoogleNet 的结构

第七章

人类一败涂地：
深度学习和强化学习

什么是深度学习

在20世纪40年代至60年代，科学家们已经开始尝试模仿人脑的工作方式，上文提到的感知机模型就是早期的研究之一。感知机模型能够处理简单的二分类问题，是早期机器学习领域的一个重要突破。然而，感知机模型也存在明显的局限性，它不能解决非线性问题，这一点在解决XOR（异或）问题上表现得尤为明显，即一个单层感知机无法正确分类XOR函数，因为XOR问题本质上是非线性的，不能通过一个线性模型来解决。

进入70年代，随着多层神经网络的提出和反向传播算法的发展，深度学习领域获得了新的动力。反向传播算法特别重要，因为它为多层网络提供了一种有效的方式来调整网络中的权重，通过这种方式，网络能够学习到更加复杂的函数和特征表示。尽管如此，由于当时计算资源的有限和训练数据的匮乏，深度学习技术的发展速度仍然较慢，其应用也大多局限在学术研究领域。

随着20世纪90年代计算机技术的飞速发展，尤其是图形处理单元（Graphics Processing Unit, GPU）的普及，深度学习开始展现出巨大的潜力。相比于传统的中央处理单元（Central Processing Unit, CPU），GPU能够提供更快的处理速度和更高的效率，这极大地加速了深度神经网络的训练过程，使得训练更大、更复杂的网络模型成为可能。此外，90年代也见证了互联网和数字数据的爆炸式增长，为深度学习提供了前所未有的数据资源，这进一步推动了深度学习技术的应用和发展。

杰弗里·E.辛顿无疑是深度学习领域最具影响力的人物之一。他的教育和职业生涯涉足多个国家和众多学术领域，彰显了他在人工智能领域的深厚根基和卓越贡献。辛顿的学术之旅始于剑桥大学国王学院，在那里，他初步展现了跨学科学习的热情，曾涉猎自然科学、艺术史和哲学等领域。1970年，他以实验心理学学士学位毕业。

在完成本科学习后，辛顿远赴爱丁堡大学，攻读了人工智能博士学位。博士论文的研究加深了他对机器学习和认知过程模拟的兴趣，为他后来在神经网络和深度学习方面的工作提供了许多启发。

博士毕业后，辛顿在英国的萨塞克斯大学任职，但由于当时英国在人工智能研究方面的资金支持相对有限，他决定前往更有利于此类研究的美国。在美国，他先后在加州大学圣地亚哥分校和卡内基梅隆大学工作，这一时期他的研究逐渐聚焦于深度学习和神经网络模型的发展。

在加州大学圣地亚哥分校博士后研究期间，辛顿与大卫·E.鲁梅尔哈特（David E. Rumelhart）和罗纳德·J.威廉姆斯（Ronald J. Williams）合作，共同探索将反向传播算法应用于多层神经网络的可能性。这一时期的工作极大地推动了人工智能领域的发展，尤其是在理解和优化神经网络方面。他们的实验表明，使用反向传播算法训练的多层网络能够学习到数据中的复杂和有用的内部表示，这为后续深度学习模型的开发和应用奠定了基础。

在同一时期，辛顿与戴维·阿克利（David Ackley）和特里·塞尼诺斯基（Terry Sejnowski）共同发明了一种创新的神经网络模型——玻尔兹曼机（Boltzmann machines）。这一模型是受到物理学中玻尔兹曼分布的启发而发明的，是一种随机的递归神经网络，能够在给定输入的情况下，通过模拟退火等随机过程来优化网络状态，从而解决优化和概率推断问题。这一发明不仅为解决复杂的优化问题提供了一种全新的思路，也为深度学习模型的发展添加了重要的一环。

让我们通过一个相对通俗易懂的例子来理解这一点。

想象一个社交聚会的场景，参与者可以选择加入或不加入谈话，这与玻尔兹曼机中的神经元类似。在这个场景中，我们有三个可以直接观察到的参与者（可见节点）：小明、小红和小华，以及两个不可直接观察到的内在因素（隐藏节点）：心情和主题兴趣。

小明、小红和小华的行为是我们可以直接观察到的。例如，小明可能在看到小红和小华都积极参与的情况下，更愿意加入聊天。小红在小明和小华都参与时感到更加兴奋，而小华则可能在小明参与但小红未参与时更加活跃。

然而，这些可见行为也受到隐藏节点的影响。心情节点代表了聚会上每个人的总体情绪，这可能受到当天的环境或个人情况的影响。如果心情普遍良好，可能会促使小明、小红和小华更加倾向于参与对话。另一方面，主题兴趣节点则涉及聚会的谈话主题是否吸引人。如果讨论的主题能引起广泛兴趣，那么三人更可能积极地加入并维持谈话。

在聚会的过程中，每个人的初始行为是随机的，但随着时间的推移，他们会根据周围人的行为和隐藏节点的状态重新评估自己的决定。例如，如果小明最初决定不加入谈话，但后来感知到大家的心情都很好，且讨论的主题是他感兴趣的，他可能会改变决定并加入谈话。同样，小红和小华的行为也会根据观察到的其他人的行为和隐藏节点的状态进行调整。

这种不断的互动和调整最终会使聚会达到一种动态平衡，这个平衡反映了可见行为和隐藏因素如何相互作用来塑造社交动态。通过这样的过程，玻尔兹曼机模拟了复杂的交互和学习过程，揭示了即使是我们无法直接观察到的内在因素，也可以通过它们对可观察行为的影响来进行学习和理解。这种机制不仅帮助我们更好地理解人际互动，也展示了如何通过模型来捕捉和模拟复杂的数据结构和现象。

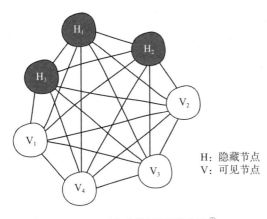

玻尔兹曼机的图像表示 [①]

后来，辛顿转到多伦多大学的计算机科学系，继续他的研究并培养了一代又一代的学生。到了2006年，辛顿和他的学生们提出了一种创新的神经网络架构——深度信念网络（Deep Belief Networks，DBN）。

辛顿提出使用一种名为"逐层预训练"（layer-wise pre-training）的技术来有效地训练深层神经网络。在当时，深层网络的训练面临着重大的难题，特别是如何有效地优化网络中数以千计的参数以避免陷入局部最优解和过度拟合的问题。逐层预训练的方法提供了一种解决方案，它首先无监督地训练网络中的每一层，使每层都能够独立地学习到数据中的高级抽象特征。具体来说，这一过程使用了一种叫作受限玻尔兹曼机（Restricted

---

① 每条无向边都表示一对依赖关系。在这个例子中有三个隐藏节点和四个可见节点。

Boltzmann Machines, RBM）的生成模型，通过这种模型，每一层网络都可以学习到数据的一个新的、更加复杂的表示。训练逐层进行，每一层都在前一层学习到的特征基础上进一步构建更高层次的表示。

辛顿和他的朋友、学生们
（摄于 2016 年，从左到右依次是鲁斯兰·萨拉赫丁诺夫，理查德·S.萨顿，
杰弗里·E.辛顿，约书亚·本吉奥和史蒂夫·尤尔维森）

在这些层都被单独训练后，整个网络通过监督学习的方式进行微调。即使用具体的标签数据来调整和优化网络的权重，以确保网络不仅能捕捉到数据的内在结构，还能针对特定的任务（如分类或回归）提供有效的预测。这种结合无监督预训练和监督微调的方法极大地提高了深度网络的学习能力和稳定性，解决了之前深层网络训练中遇到的许多问题。

再设想一个稍微简化的社交聚会场景，参与者也可以选择加入或不加入谈话，但这次我们使用一个更结构化的模型——受限玻尔兹曼机。在这个模型中，我们同样有三位可见的参与者：小明、小红和小华，他们的行为我们可以直接观察。此外，我们还设有两个隐藏节点，代表了一些不直接观察到的内在动机，比如对特定话题的兴趣或对社交环境的感受。

在受限玻尔兹曼机的设置中，与全连接的玻尔兹曼机不同，这里的可见节点（小明、小红、小华）之间没有直接的联系，他们仅与隐藏节点有连接。隐藏节点可以被视为影响可见节点行为的内部因素。例如，我们可以将一个隐藏节点定义为"活动的主题吸引力"，它影响每个人对加入谈话的兴趣；另一个隐藏节点定义为"当前的社交气氛"，影响聚会的整体参与度。

在聚会的过程中，虽然小明、小红和小华之间没有直接的交流，但他们的决定会受到隐藏节点的影响。例如，如果"活动的主题吸引力"节点表明当前讨论的是一个非常有趣的话题，那么小明、小红和小华可能都会更倾向于加入对话。同样，如果"当前的社交气氛"节点表示环境非常友好，那么即使个别人对话题不是特别感兴趣，他们也可能因为气氛的影响而选择参与。

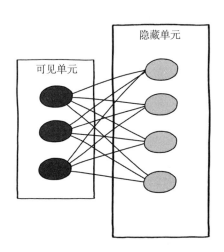

包含三个可见单元和四个隐单元的受限玻尔兹曼机示意图

受限玻尔兹曼机通过这种方式能够有效地学习和推理出隐藏因素如何影响可见行为。每个可见节点的行为虽然是独立更新的，但更新过程会考虑到隐藏节点的状态。例如，小红在决定是否加入谈话时，她的决策会基于她感知到的社交气氛和话题的吸引力。

这种机制使得受限玻尔兹曼机在处理复杂数据时非常有效，因为它可以通过隐藏节点捕获和模拟那些不直接可见但显著影响行为的因素。在学习结束后，聚会达到一种平衡状态，这个状态反映了在给定隐藏因素影响下，最可能出现的社交行为模式。通过这样的学习过程，我们不仅能够更好地理解数据中的隐含结构，还能预测在不同情况下的行为模式。

时至今日，深度学习早已进入了我们的生活。比如谷歌街景利用深度学习技术对全球各地的街景进行了高精度的图像识别和处理，使用户可以通过虚拟的方式探索世界各地的景观和地标。在收件箱智能回复方面，谷歌利用深度学习算法分析用户收到的邮件内容，并自动生成智能回复建议，帮助用户更高效地管理邮件。此外，谷歌的语音搜索功能也得益于深度学习技术，通过对语音信号进行识别和理解，实现了用户可以通过语音输入来进行搜索的便捷操作。

深度学习的影响也获得了学术界的认可。2024年10月8日，瑞典皇家科学院宣布将当年的诺贝尔物理学奖授予约翰·J.霍普菲尔德和杰弗里·E.辛顿，以表彰他们在利用人工神经网络实现机器学习方面的基础性发现和发明。诺贝尔物理学奖委员会主席艾伦·穆恩斯（Ellen Moons）表示，虽然人工智能不是诺贝尔物理学奖的传统领域，但具有学习能力的神经网络的发现及其应用与物理学密切相关。这些人工神经网络已用于推动粒子物理学、材料科学和天体物理学等物理学主题的研究。

深度学习的关键算法

深度学习领域的快速发展得益于一系列关键技术和模型的突破，这些技术和模型共同推动了人工智能的边界不断扩展。在这些进展中，反向传播算法（Backpropagation）、循环神经网络（Recurrent Neural Network, RNN）、长短期记忆网络（Long Short-Term Memory, LSTM）和生成对抗网络（Generative Adversarial Network, GAN）都是尤为重要的里程碑。

反向传播算法

1982年，大卫·E.鲁梅尔哈特（David E. Rumelhart）独立开发了反向传播算法，并在他的研究小组中教授这一算法。尽管在他之前已经有了类似的研究，但他并不知情，因此在他的初始发表中并没有引用这些研究。这种情况在科学研究中并不罕见，不同的研究者可能会独立地发现相似的结论或技术解决方案。鲁梅尔哈特在1985年的论文中首次详细介绍了这一算法，解释了如何用它高效地训练多层前馈神经网络。

1986年，鲁梅尔哈特在《自然》杂志上发表了关于这项技术的实验分析。这篇文章通过实际的实验数据展示了反向传播算法在神经网络训练中的效果，特别是它如何帮助神经网络学习复杂任务并实现问题的有效求解。这些论文发表后被广泛引用，极大地推动了反向传播算法的普及。更重要的是，它们与20世纪80年代神经网络研究兴趣的复兴相吻合，重新点燃了学术界和工业界对这一领域的热情和投资。

1987年，杨立昆在他的博士论文中提出了反向传播算法的一种改进形式，进一步扩展了算法的应用范围和理论基础。反向传播算法是深度学习中最核心的概念之一，它解决了如何高效训练多层神经网络的问题。虽然这听起来可能很复杂，但通过一个简单的比喻，我们可以更容易地理解这一过程。

设想你在一个大型公司工作，你是一个普通员工，你的上司有自己的直接上司，一直到公司的CEO。现在，公司决定要完成一个大项目，而最终项目的成功与否需要通过一系列层级下达的目标来实现。项目开始时，CEO设定了最终目标，这个目标随后被分解为部门目标，再被分解为小组目标，最后分解为个人任务。项目结束后，如果最终结果与目标不符，CEO会要求每个部门经理检查并调整他们部门的策略。部门经理再要求每个小组长做同样的事情，直到反馈和调整的信息传达到每一个员工。

反向传播算法在神经网络中的工作原理与这个过程类似。在一个多层的神经网络中，每一层都可以视为一个"团队"，神经元则是"员工"。网络接收输入数据（比如图片），每层的神经元对数据进行处理后传递给下一层，最终输出一个结果（比如识别出的图片是猫还是狗）。

这个结果会与预期的结果（即标签）进行比较，如果有差异，就意味着网络的某部分需要调整。这就是反向传播发挥作用的地方。算法首先计算最终输出和实际期望输出之间的误差，然后这个误差会被用来计算每一层每一个神经元的"责任"。简单来说，就是算出每个神经元对最终误差的贡献程度。

接着，这个信息（误差）会从输出层传回到输入层，途中每经过一层，都会相应地调整那一层的权重和偏置。权重和偏置的调整是基于这样的原则：如果一个神经元的行为导致误差增加，那么它的权重需要向减少误差的方向调整。这个过程会一直持续，直到网络的预测结果足够接近预期结果，或者训练达到预定的周期。

通过这种方式，神经网络通过经验学习，逐渐提升性能。反向传播使得神经网络能够通过错误学习并改进，正是这一特性使得神经网络成为一种强大的学习机制，广泛应用于语音识别、图像识别和许多其他领域。尽管反向传播在数学上可能复杂，但其基本思想就是这样一种智能的、层级式的错误反馈和调整过程，正是这种方法让机器能够通过经验变得更聪明。

循环神经网络

循环神经网络（Recurrent Neural Network, RNN）是一种专门用于处理序列数据的神经网络架构，如时间序列数据、自然语言、音乐或任何形式的时间相关数据。与传统的神经网络相比，RNN的独特之处在于它具有记忆能力，可以将先前的信息应用到当前任务的处理中，这使得它在理解序列和预测未来事件方面非常有效。

　　循环神经网络的核心结构是一个循环单元，这个单元在网络中反复使用，使得网络具备处理序列数据的独特能力。在具体操作中，这个循环单元逐一读取输入数据的每个元素——比如语言处理应用中的一个单词，然后进行处理，并更新自己的内部状态。

　　这个内部状态非常重要，因为它记录了至该时点为止所有输入的综合信息。它实际上充当了网络的"记忆"，保存了之前数据的重要信息，这使得循环单元在处理新的输入时，不仅看当前的输入，还会考虑它在之前输入的语境中的含义和作用。

　　想象一下，如果一名导演正在拍摄一部电影，他必须记住每一幕的情节，以确保整个故事的连贯性和流畅性。这里的每一幕的情节就相当于输入序列中的一个元素，而导演的记忆则类似于RNN中的内部隐藏状态。这种状态不仅保存了之前所有幕的信息，而且还将这些信息传递给下一幕，帮助预测接下来会发生什么。

　　在RNN的实际运作中，这种记忆机制允许网络通过时间序列数据持续传递信息。每当网络接收到新的输入数据（即新的"幕"）时，它都会结合之前所有的信息来处理，形成一个连续更新的信息流。这让RNN在处理像语言文本或股市时间序列这样的顺序数据时，能够发挥其独特的优势。

　　比如，在语言模型中，RNN能够记住前文中使用的单词，并据此预测下一个可能出现的单词，这种能力让RNN特别适合处理那些前后文相关性强的任务，如文本翻译、自动写作、语音识别等。

　　不过，标准的RNN在处理长序列数据时也会遇到问题，比如梯度消失或梯度爆炸，这使得网络难以维持长时间的记忆。这就像导演在拍摄一个非常长的电影时，可能会忘记最初的情节。为了解决这一问题，研究者们开发了更先进的RNN变体，如长短期记忆网络（Long Short-Term Memory, LSTM）和门控循环单元（Gated Recurrent Unit, GRU）。这些变体通过门控机制来有效控制信息的保留和遗忘，帮助网络在长序列中维持稳定的学习和记忆能力。

在实际应用中，RNN已经被广泛用于多种任务，如语音识别、语言翻译和股市预测等。这些任务都需要理解和记忆序列中的前后关系。例如，在语言翻译应用中，RNN通过记住句子前面部分的意思，帮助模型更准确地理解和翻译整个句子。

长短期记忆网络

长短期记忆网络（Long Short-Term Memory，LSTM）是一种特殊类型的循环神经网络，专门设计用来解决传统循环神经网络在处理长序列数据时遇到的难题。LSTM的强项在于它能够长时间记住重要信息，这让它在处理语言翻译、语音识别等需要理解整个数据序列的任务中表现出色。

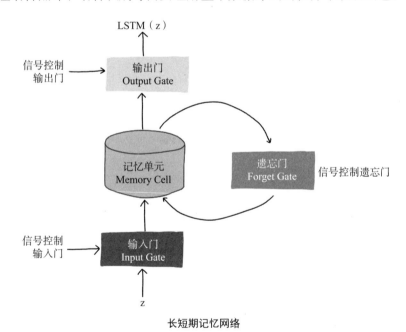

长短期记忆网络

要理解LSTM的工作原理，我们首先需要了解传统的循环神经网络。RNN通过在网络的层之间添加循环来处理序列数据。这种循环使得信息可以在从一个步骤到下一个步骤时传递，理论上可以捕获时间序列中的信息。然而，RNN在实践中常常遇到"梯度消失"或"梯度爆炸"的问题，这使得网络很难学习到序列中距离当前点较远的数据点的依赖关系。

LSTM通过引入一种巧妙的内部结构来解决这个问题，每个LSTM单元包括三个关键部分：遗忘门、输入门和输出门。这些"门"控制着信息的流动，决定什么时候记住、更新或忘记信息。

遗忘门的作用是决定从单元状态中丢弃哪些信息。它通过观察当前输入和前一时间步的输出来做出决策，输出一个0到1之间的数值，1表示完全保留，0表示完全忘记，即丢弃。

输入门控制当前步骤的输入值需要更新的部分，并创建一个新的候选值向量，这个向量随后会被加入单元状态中。

输出门的作用是决定下一个隐藏状态的值，这个隐藏状态包含了当前单元要输出的信息。输出门会查看当前的单元状态，并决定输出值的哪一部分。

通过这三个门的协同操作，LSTM能够有效地保留长期的依赖关系，并在适当的时候遗忘那些不再需要的信息。这一机制解决了传统RNN在处理长序列时的难题。

LSTM的这些特性使得它在需要理解时间数据整体结构的应用中非常有用，例如语音转文字、文本生成、时间序列预测等。此外，LSTM也被用在一些更复杂的神经网络架构中，如序列到序列模型（seq2seq），用于机器翻译和自动聊天机器人。

生成对抗网络

生成对抗网络（Generative Adversarial Networks，GAN）是一种非常独特和强大的机器学习架构，由伊恩·古德费洛（Ian Goodfellow）及其团队在2014年6月提出。GAN的基本构想是通过两个神经网络相互竞争，来生成与真实数据几乎无法区分的新数据。

在GAN的框架中，有两个主要角色：生成器（Generator）和判别器（Discriminator）。它们在学习过程中相互竞争，从而不断提升自己的功能。生成器的任务是创造看起来真实的数据，比如图片，而判别器的任务是区分输入的是生成器创造的图片还是真实的图片。这种设置类似于警察与伪造者的游戏，伪造者尽力制造假币，而警察则尽力识别出假币。

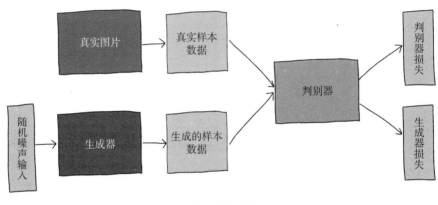

生成对抗网络

生成器从一个随机噪声开始，试图通过学习来模仿真实数据的分布。初始阶段，生成器生成的图片质量可能非常差，远远达不到欺骗判别器的程度。然而，随着训练的深入，生成器会逐渐学会制造越来越精致的假图片。与此同时，判别器也在不断地学习如何更有效地区分真假图片。在这个过程中，生成器和判别器都在不断地提升自己的能力，直到判别器无法区分真实数据与生成数据，或者达到某种平衡状态。

GAN的训练过程是一场动态的博弈。生成器尽力欺骗判别器，而判别器则努力不被欺骗。在这个过程中，生成器根据判别器的反馈来优化其生成策略，而判别器则通过分析生成器的输出来完善其判别准则。最终，这种对抗过程导致生成器能够产生高度逼真的数据。

GAN在许多领域都显示了巨大的潜力。在图像生成方面，它能够生成极其逼真的人脸、风景等图像。在艺术创作方面，GAN可以创作出新的艺术作品。此外，它还被用于视频游戏场景生成、语音合成、药物发现等多个领域。

然而，GAN也并非完美，其中最大的问题是训练过程的不稳定性。因为两个网络的博弈本质，训练过程可能会很不稳定，有时甚至会完全崩溃。研究者们正在努力通过算法调整和设计新的训练策略来解决这些问题。

从下棋到人工智能

国际象棋一直被视为智力的象征，也是衡量思考深度和策略复杂性的一个标准。在图灵的开创性论文中，他提出下棋的能力是人工智能的一个关键组成部分。他通过提出可以模拟人类下棋思考过程的机器，预见了计算机科学与人工智能融合发展的未来。

在计算机技术的早期，香农就撰写了一篇具有前瞻性的论文，探讨了开发国际象棋程序的可能性。在论文中，香农描述了两种编程方法：A类程序和B类程序，它们各自代表了不同的策略和技术路线。

A类程序采用纯粹的蛮力法，通过搜索算法来检查成千上万个棋步。这种方法依赖于计算机的计算能力，模拟每一种可能的棋局变化，并从中选择最佳棋步。尽管这种方法在理论上可以找到最优解，但对计算需求极高，往往需要巨大的计算资源，特别是在棋局复杂或对手策略多变的情况下。

B型程序则采用了更为精细的方法，结合了启发式方法和人工智能技术，只关注关键棋步。启发式方法通过模拟人类棋手的思考过程，利用经验规则来缩小搜索范围，从而提高搜索效率。这不仅减少了计算量，也使得程序能够在实际比赛中快速做出反应。B型程序还尝试模拟人类棋手的直觉和判断力，使得机器在面对复杂局面时能够展现出更人性化的策略选择。

在1950年代和1960年代，计算机功能有限，采用策略性更强的B型程序因其对资源的高效利用而受到青睐。这种类型的程序通过利用特定的启发式算法和经验规则，可以在有限的计算能力下实现相对较好的国际象棋对弈效果。

然而，到了1973年，随着计算机处理速度的显著提升，软件开发者开始将焦点从B型转向A型。这种转变对于那些希望通过发展B型程序深入理解国际象棋智能的研究者来说，无疑是一个重大的策略调整，即从模仿人类的复杂决策过程转向利用机器的计算力。

从B型程序转向A型程序，主要出于简单性考虑。A型程序的效能与机器的速度直接相关，随着技术的进步，开发一个强大的A型程序并通过并行处理或专用硬件增强其功能变得更加简单。这种方法依赖于算法的简洁性和直接性，通过穷尽所有可能的棋步来寻找最优解，而非依赖于复杂的决策树和规则系统。

与此同时，B型程序需要不断学习和更新经验规则和策略，这一过程不仅复杂且耗费资源。随着棋局的不断变化和对手策略的多样性，维护和更新这些规则成为一个持续的挑战。此外，B型程序的发展也受限于当时人工智能理论和方法的局限性，这使得其在应对更高级别的国际象棋对弈时，往往力不从心。

因此，随着硬件技术的进步，A型程序的直接、简单和计算能力上的优势使其逐渐成为主流选择，改变了计算机国际象棋的发展轨迹，也影响了人工智能研究的方向，即从模拟人类智能转向利用计算机的强大计算能力。这一阶段的经历在很大程度上预示了后来在人工智能领域中机器学习和大数据技术的兴起，其中机器的"学习"能力再次成为解决复杂问题的关键。

"深蓝"（Deep Blue）项目始于1985年，由IBM研究团队在许峰雄

（Feng-hsiung Hsu）的领导下启动。这个项目的前身名为"切萨皮克"（Chiptest），最初是在宾夕法尼亚大学由许峰雄和他的同事们合作进行的一个研究项目。深蓝的研发团队采用了多种高级算法和并行处理技术，显著提升了机器在国际象棋上的表现，使得深蓝能够每秒钟评估约两亿个棋局位置。

深蓝采用了专为解析国际象棋棋局设计的特定硬件架构，核心部分包括480个专用VLSI（Very Large Scale Integration）棋盘处理器。这些处理器能够快速处理棋盘上的复杂计算，特别是在棋局搜索和评估方面表现出色。此外，深蓝还配备了一个大型开局数据库和终局数据库，收录了大量的国际象棋开局和终局的知识，帮助计算机在比赛中做出最优的棋步选择。

1996年，深蓝首次与当时的世界冠军加里·卡斯帕罗夫（Garry Kasparov）进行了对决。比赛在费城举行，引起了全球关注。在六场比赛中，尽管深蓝展示了强大的能力，但最终还是败给了卡斯帕罗夫。这场比赛不仅展示了计算机在对抗人类国际象棋高手方面的潜力，也为深蓝团队提供了宝贵的数据和经验，用于进一步改进系统。

经过一年的技术改进和策略调整，深蓝在1997年再次挑战卡斯帕罗夫。这次，深蓝在技术、策略和游戏理解能力上都有显著提高。在前面五场比赛中，双方各赢一场，平了三场。但在第六场比赛中，深蓝击败了卡斯帕罗夫，以3.5比2.5的总比分赢得了比赛，成为首个在标准比赛规则下击败世界国际象棋冠军的计算机。这不仅是计算机科学和人工智能领域的一次重大突破，也是人类文化和技术发展的一个里程碑事件。

深蓝的胜利不仅是技术上的成就，也带来了显著的经济效益。它为IBM超级计算机提供了价值5亿美元的免费广告，提高了公众对IBM超级计算机能力的认识，也极大地增强了IBM品牌的市场影响力。深蓝的胜利直接推动IBM的股价在比赛后上涨了10美元，达到了当时的历史最高点。

深蓝与加里·卡斯帕罗夫的比赛现场

　　然而，深蓝的胜利也引发了对人工智能应用广度和深度的过分期待。实际上，深蓝的设计高度专业化，它的技术和算法优化主要针对解决国际象棋这一特定类型的问题，而非通用型的人工智能解决方案。这意味着，尽管在国际象棋领域取得了突破，深蓝的技术并不直接适用于更广泛的实际问题，如自然语言处理、图像识别或自动驾驶等。

　　与国际象棋相比，围棋的复杂性远远超出了简单的计算能力所能覆盖的范畴。围棋的分支系数极高，每一步都约有200种可能的走法。这使围棋的每一步选择都充满了变数，极大地增加了整个游戏的策略深度和不确定性。

　　围棋的胜利条件也与国际象棋有显著的不同。在国际象棋中，比赛往往在一方将军将死对方时结束，这一点可以通过算法预测和计算达到。相比之下，围棋的胜负判定更为模糊，通常需要双方协商决定何时结束比赛，并依赖于复杂的搜索和评估过程来判断棋局的最终形势。这种对比赛结果的不确定性，使得围棋在计算机算法研究中呈现出独特的一面。

一个具体的例子就是在围棋棋子的生死判断上。尽管围棋已被研究了多年，但到目前为止，科学家们还未能开发出一个能够完全准确判断棋子生死状态的算法。这种状态的判断不仅涉及棋子本身的位置，还需要考虑棋盘上的整体布局和对手的潜在威胁。因此，这一领域的复杂性促使了"Ing 奖"的设立。这个奖项提供了高达100万美元的奖金，用以奖励那些能够开发出击败业余围棋高手的程序的研究者或开发者。

在IBM的超级计算机深蓝击败世界象棋冠军加里·卡斯帕罗夫二十年后，最强的围棋程序才达到了业余五段的水平，而在没有任何让子优势的情况下，这些程序仍然无法击败职业围棋选手。

进展虽缓慢，但围棋人工智能领域的研究并未停止。2012年，一款名为Zen的围棋程序显示了它的实力，在让五子和四子的条件下，两次击败日本的高段位职业围棋选手武宫正树。2013年，一款名为疯狂石头（Crazy Stone）的程序在让四子的条件下，成功击败了另一位日本九段高手石田芳夫。

尽管这些胜利令人瞩目，但它们也揭示了围棋人工智能面临的核心难题：如何在没有让子的公平对局中击败职业高手。围棋的复杂性远超过国际象棋，其变化几乎是无穷的，这使得单纯依赖计算力的传统AI模型难以应对。

此后，人工智能在围棋领域的突破要从另外一家公司说起。

2010年9月，德米斯·哈萨比斯（Demis Hassabis）、谢恩·莱格（Shane Legg）和穆斯塔法·苏莱曼（Mustafa Suleyman）三位科学家和技术企业家在伦敦共同成立了DeepMind公司。他们的会面源于在伦敦大学学院盖茨比计算神经科学单位（Gatsby Computational Neuroscience Unit）的共同工作与研究经历，那里他们探索了神经科学的复杂性和计算模型的潜力。

哈萨比斯和莱格特别对人工智能在模拟人类学习过程的能力感兴趣。

他们认为，真正的智能应该能够从基本的输入中自我学习并优化其行为，而不仅仅是执行预设的指令。因此，DeepMind的早期研究集中在开发一个能够自我学习和适应的人工智能系统上。他们选择了一种非常直观的方法来测试和发展这些系统：视频游戏。

在DeepMind的初期阶段，团队选择了几款20世纪70年代和80年代的经典视频游戏来训练其人工智能模型。这些游戏包括《打砖块》《乓》和《太空侵略者》。相比于现代游戏来说，这些游戏的技术更简单和原始，但它们提供了理想的环境来测试算法的学习和适应能力。DeepMind的方法是让人工智能系统通过自我试错来学习游戏规则，而不是提前输入这些规则。通过这种方式，人工智能不仅学会了如何玩游戏，还学会了如何优化策略，最终在许多游戏中达到超越人类的表现。

这种基于游戏的研究方法不仅验证了AI的学习能力，而且帮助DeepMind团队在研究中实现了更广泛的目标：创造一个通用的人工智能（AGI）。哈萨比斯和他的团队希望能开发出一个能在各种不同环境和情境中都能自我学习和适应的AI，这样的AI不仅能够应对具体的任务，如玩游戏或推荐视频，还能在更复杂的人类活动中发挥作用，如科学研究和医疗诊断。

DeepMind的创新和潜力吸引了一系列重量级投资者的关注和支持。主要的风险投资公司如Horizons Ventures和Founders Fund在其中扮演了重要的角色，而一些知名的科技界企业家，如斯科特·班尼斯特（Scott Banister）、彼得·蒂尔（Peter Thiel）和埃隆·马斯克（Elon Musk）也加入了投资者行列。此外，亚恩·塔林（Jaan Tallinn）不仅作为早期投资者参与其中，还担任了公司的顾问，为DeepMind提供了宝贵的技术和商业洞察。

2014年1月26日，这家位于伦敦的人工智能先锋公司迎来了其发展历程中的一个重要转折点：以4亿至6.5亿美元的价格被谷歌收购，并更名为Google DeepMind，这个名称保留了约两年时间。谷歌的加盟不仅为DeepMind提供了强大的资源支持，也给其研发活动带来了更大的平台和更高的可见度。事实上，当时的谷歌注重人工智能的想法已经不言而喻了。

2013年，谷歌公司收购了著名的DNN Research公司，该公司由深度学习领域的顶尖专家辛顿教授创立。尽管DNN Research公司实际上并没有什么产品和客户，却拥有三位在深度学习领域举足轻重的牛人，他们分别是辛顿教授和他的两位学生：曾经在2012年ImageNet大赛上获胜的埃里克斯·克金斯基（Alex Krizhevsky）和以利亚·苏斯科夫（Ilya Sutskever）。有人对谷歌的这次收购行为进行了调侃，称谷歌花几千万美元买了几篇论文。这种言论一方面反映了当时对于深度学习领域的轻视和误解，另一方面也暗示了谷歌对于深度学习技术的高度重视和巨大投入，哪怕当时没人知道这种技术未来到底如何。

被谷歌收购后不久，DeepMind获得了剑桥计算机实验室颁发的"年度公司"奖，其技术创新和市场影响力得到了认可。2015年9月，DeepMind进一步扩展了业务范围，与皇家自由NHS信托（Royal Free NHS Trust）签署了初始信息共享协议。这一协议标志着DeepMind在健康科技领域的重要布局。他们共同开发了临床任务管理应用程序Streams，旨在改进医院运营效率，优化医疗资源配置，通过实时数据分析支持医生和护理人员的决策制定。Streams应用利用了DeepMind在人工智能和数据处理领域的专长，旨在通过技术提高临床护理质量和患者治疗结果。

2015年10月，人工智能领域迎来了一个历史性的时刻。DeepMind开发的AlphaGo击败了欧洲围棋冠军樊麾。樊麾是一名职业二段选手，而AlphaGo在这次对决中以五比零的压倒性成绩胜出，成为首个在无让子的全尺寸棋盘上击败人类职业选手的计算机围棋程序。这次的胜利不仅是技术上的巨大飞跃，也预示着人工智能在复杂认知任务中的惊人潜力。

这场比赛的结果直到2016年1月27日才对外公布，与此同步，《自然》杂志上发表了一篇论文，详细描述了AlphaGo所采用的算法。论文的发表和比赛结果的公布在围棋界引起了轰动，更在人工智能研究领域掀起了波澜。

在这场划时代的对局中，DeepMind部署了AlphaGo的分布式版本，这一系统配置有1202个CPU和176个GPU，Elo评分高达3144，彰显出其卓越的游戏水平。比赛规则规定，每位选手有一小时的基本对弈时间，之后每步棋有三次30秒的读秒机会。这种设置测试了AlphaGo的反应速度和策略深度，最终它展现出超越人类的决策能力。

AlphaGo的胜利震惊了围棋界。

2016年3月，AlphaGo和韩国围棋九段高手李世石在韩国首尔的四季酒店展开了五局对决，成为人工智能发展史上的一个标志性事件。这场对决通过视频直播向全世界的观众展示了顶尖水平的人机对弈。

AlphaGo这次使用的是谷歌的云计算平台，其服务器位于美国。在硬件配置上，AlphaGo部署了1920个CPU和280个GPU，提供了强大的计算力，确保了AI在对局中的计算速度和深度。比赛遵循中国围棋规则，每方贴7.5目，这是一种常见的计分方式，用来决定双方的最终得分。每位选手都有两小时的基本思考时间，之后是每步60秒的三次快速读秒。

李世石在前三局比赛中遭遇了连败，然而，在第四局中，形势出现了逆转。李世石凭借精妙绝伦的第78手赢得了胜利，这一胜利打破了AlphaGo的不败纪录，也为人类选手赢得了尊严和鼓舞。

第五局中，AlphaGo又扳回一局，最终以四胜一负的总比分赢得了整个系列赛，这场比赛的结果引发了人们对人工智能未来影响的深刻思考。

比赛的奖金为100万美元，DeepMind将其捐赠给了联合国儿童基金会（UNICEF）等慈善机构，支持全球教育和儿童福利项目。李世石除了获得15万美元的参赛费外，还因第四局的胜利而额外获得了2万美元的奖励。

在第四局中的关键时刻，出现了被许多围棋专家和爱好者称为"神之一手"的第78手，这一手不仅是比赛的转折点，也暴露了AlphaGo在逻辑处理方面的某些弱点。

在那场对局中，直到第78手之前，AlphaGo一直处于领先状态。然而，李世石的这一非常规行动显著改变了局势，令AlphaGo的计算过程陷入困境。原因在于，虽然AlphaGo的策略网络能够评估并决定一系列潜在的优势着法，但其价值网络却没有将李世石的第78手视作可能的选择。因此，当这一幕实际出现在棋盘上时，AlphaGo未能有效调整其策略，从而导致了计算上的混乱和最终的失利。

这一事件促使DeepMind团队对AlphaGo进行了深入的分析和修正。他们通过增强程序对不寻常或较少见走法的预测能力来优化其算法，特别是在对手采取出人意料之举时的应对策略。

2016年12月，AlphaGo再次进入公众视野，这次它以一个名为Magister（中文服务器显示为Magist）的新账户形式出现在韩国的Tygem围棋服务器上。这个账户很快在围棋界引起了关注，因为它的表现异常出色。不久之后，该账户更名为Master，并于2017年1月转移到了另一大型围棋平台FoxGo服务器。短短几天内，这个账户又成为热议的焦点。

它每天进行约10局的高频率比赛，几乎没有间隔就开始下一局，它的对手名单包括众多围棋界的世界冠军和顶尖选手，如柯洁、朴廷桓、时越、古力、常昊、唐韦星、范廷钰和周睿羊等。

随着连胜纪录的不断延续，人们开始猜测这背后的力量。终于，在2017年1月4日，DeepMind官方宣布，Magister和Master实际上是其最新版本的AlphaGo Master在操作。这个版本的AlphaGo在技术上有了显著提升，其表现也印证了这一点。截至2017年1月5日，AlphaGo Master在线上对局中取得了60胜0负的惊人战绩。

在赢得第59局比赛后，Master在聊天室中透露自己是由DeepMind团队的黄士杰博士控制的，随后将其注册国籍更改为英国。此外，面对Master的不败纪录，古力提供了10万元人民币（约合14400美元）的悬赏金，奖励首位击败这位AI选手的人类。

在中国乌镇围棋峰会中，AlphaGo Master不仅与世界排名第一的柯洁进行了三局历史性的比赛，还与中国的几位顶尖职业选手进行了两局特色比赛：一局是创新的双人围棋，另一局则是与五名人类选手组成的团队进行的协作对弈。

谷歌DeepMind对柯洁与Master之间的三局比赛设定了高额的经济激励，胜者可获得150万美元的奖金，而败者也能获得30万美元的安慰奖。在这三局对决中，Master展示了其几近完美的策略与计算能力，最终赢得了全部三局比赛，并获得了中国围棋协会授予的职业九段认证，这是对其技术成就和对围棋艺术的贡献的一种高度认可。

然而，令人惊讶的是，就在这一系列胜利后，DeepMind宣布AlphaGo正式退役。这一决定标志着AlphaGo在围棋领域的任务已经完成，其研发团队也将解散，DeepMind将把研究重心转移到其他领域的人工智能应用上。这一消息在围棋界和科技界引起了广泛的关注和讨论，许多人对于不能再见证AlphaGo的比赛而感到惋惜，同时也对其对未来AI应用的潜在影响抱有期待。

峰会的闭幕并未结束AlphaGo的传奇。作为对围棋社区的一份礼物，DeepMind发布了50局AlphaGo对战AlphaGo的完整比赛录像。这些比赛展示了AlphaGo内部模型之间的对抗，为围棋爱好者和专业选手提供了前所未有的学习材料。

AlphaGo的成功激励着其他科技公司也加入这一领域，开发自己的围棋人工智能系统。例如，Facebook公司研发了一款名为Darkforest的围棋系统，同样基于机器学习和蒙特卡洛树搜索的结合技术。在与其他围棋软件如CrazyStone和Zen的对局中，Darkforest展现出了不俗的战斗力，但也遭遇了败绩，被评估为与CrazyStone和Zen具有相似的水平。且目前没有确凿的证据表明Darkforest战胜过人类棋手。

日本也不甘落后，推出了自己的围棋人工智能系统DeepZenGo。该系统在视频分享网站Dwango和东京大学的支持下开发，展示了日本在这一领域的科技实力。2016年11月，DeepZenGo挑战了持有日本围棋头衔赛胜利次数最多的大师赵治勋，尽管DeepZenGo表现出色，但是最终以1-2的成绩败下阵来并遭到调侃。

除了围棋以外，人工智能在电子游戏领域也取得了显著成就。

AlphaStar是DeepMind与暴雪合作开发的一款使用深度强化学习技术的产品，用于与《星际争霸Ⅱ》人类玩家进行对战。近年来，AlphaStar因为在《星际争霸Ⅱ》比赛中击败职业选手以及99.8%的欧服玩家而备受瞩目。

在2019年1月25日凌晨2点，暴雪公司与DeepMind合作研发的AlphaStar通过直播正式亮相。直播安排了AlphaStar与两位《星际争霸Ⅱ》人类职业选手进行了5场比赛对决演示。尽管在直播中并未展示所有的对决，但在人类对阵AlphaStar的共计11场比赛中，人类仅取得了1场胜利。

强化学习的应用和原理

强化学习的概念其实很早就在心理学和神经科学的研究中出现了，特别是在动物学习行为的研究中。早期的研究着眼于动物如何在不同的环境条件下做出决策，并且这些决策如何受到奖励或惩罚的影响。这种研究成果为后来强化学习算法的发展提供了重要的理论支持。例如，心理学家斯金纳（B.F. Skinner）的经典实验就清楚地显示了奖励如何让动物更倾向于重复某个行为，而惩罚则会减少这些行为的发生率。这些发现揭示了行为背后的激励机制，为强化学习的建立打下了基础。

221

科学家们还在研究大脑内部的神经元活动，看它们是如何与学习和决策过程相关联的。通过记录动物大脑中的神经元活动，神经科学家们发现了一些神经元与奖励和惩罚有直接关系。例如，多巴胺神经元在奖励相关的学习中扮演着重要角色。当动物得到奖励时，这些神经元就会活跃起来，从而加强与奖励相关的行为。这些来自神经科学的发现进一步支持了强化学习理论，让我们知道了大脑是如何处理奖励和惩罚信号并影响行为的。

计算模型的发展始于1950年代和1960年代，当时研究者们开始尝试将这些心理学理论应用于计算机算法中。一个早期的例子是Tsetlin机，它是一个基于有限状态机的学习模型，在某种程度上模拟了动物的学习过程。到了1980年代，随着计算能力的提升和算法的发展，强化学习开始成为一个明确的研究领域。特别是理查德·S.萨顿（Richard S. Sutton）和安德鲁·G.巴托（Andrew G. Barto）在1981年提出的时序差分（Temporal Difference，TD）学习方法，被认为是现代强化学习理论的起点。

TD学习方法通过比较当前状态的预期奖励和下一个状态的预期奖励的差异来进行更新。如果两个状态的预期奖励相差很大，那么智能体就会相应地调整自己对当前状态的价值估计。这种通过比较实际奖励和预期奖励的差异来进行更新的方法，使得TD学习方法具有较好的收敛性和适应性。这种方法的引入，为智能体在未知环境中学习和决策提供了一种有效的方式。

TD学习及其变种，如Q学习和Sarsa算法，成为强化学习研究的基石。这些算法通过使用奖励信号来直接学习策略和价值函数，而无须先建立环境的完整模型。这一点在处理复杂或未知环境时特别有用。

Q学习是一种基于价值迭代的强化学习算法，它通过维护一个动作值函数（Action Value Function）来学习最优策略。在每一步中，智能体根据当前状态选择最优动作，并根据环境的奖励信号更新动作值函数。Q学习的核心思想是不断迭代更新动作值函数，使其逼近最优值函数，从而达到最优策略。

相比之下，Sarsa算法是一种基于动作值的强化学习算法，它的名称来源于其更新规则：State-Action-Reward-State-Action。Sarsa算法在每一步都会根据当前状态和动作选择策略，然后根据环境的奖励信号更新动作值函数。与Q学习不同的是，Sarsa算法考虑了智能体在下一步要采取的动作，因此更加保守和稳健。

进入21世纪，强化学习的应用和研究发展得更快了，部分原因是深度学习的兴起为强化学习提供了新的工具和方法。2013年，DeepMind的研究团队开发了深度Q网络（Deep Q-Network，DQN），这是一种结合了深度神经网络和Q学习的强化学习算法。DQN首次在视频游戏中表现出色，特别是在雅达利游戏中，它能够达到甚至超过人类玩家的水平。这一成就极大地推动了强化学习在人工智能领域的研究和应用。

DQN的成功也标志着深度学习技术在强化学习领域的广泛应用。传统的强化学习方法通常需要手动设计特征和策略，而深度学习则能够从原始数据中自动学习高效的表示，并直接输出动作策略。这使得强化学习在处理大规模、高维度的问题时更加灵活和有效。

随着DQN的出现，深度强化学习（Deep Reinforcement Learning）成为人工智能领域的一个热门研究方向。研究者们正在探索如何利用深度神经网络来解决各种复杂的学习和决策问题。除了游戏，深度强化学习还被应用于机器人控制、自动驾驶、自然语言处理等领域，并取得了许多令人瞩目的成果。

为了更好地理解强化学习，我们可以将其比作是一个不断试错的学习过程，就像我们学骑自行车或做饭一样——通过实践和错误来不断改进。

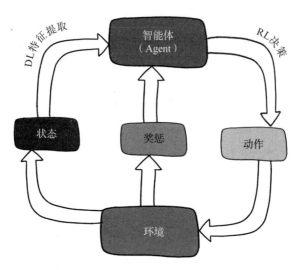

深度强化学习

　　想象一下，你在学习如何玩一个全新的电子游戏，目标是尽可能得高分。一开始，你可能不知道如何操作，但通过尝试按不同的按钮并观察游戏如何响应，你逐渐理解了如何控制游戏角色。每当你的分数增加时，那种成就感就像是游戏给你的"奖励"。通过不断的尝试和学习，你逐步掌握了游戏技巧，找到了得高分的最佳方法。在这个过程中，你的大脑其实就是在进行强化学习。

　　在技术领域，强化学习是关于一个智能体（agent）如何在一个环境中通过观察来学习达成目标。智能体在环境中执行动作，环境根据这些动作给予智能体某种形式的反馈，通常是奖励或惩罚。智能体的目标是最大化长期获得的总奖励。这就意味着它要通过持续的试错来学习哪些动作能带来最好的奖励效果。

　　一个经典的强化学习应用是自动驾驶。在这个场景中，智能体就是自动驾驶系统，环境是包含各种交通状况的道路。系统通过不断尝试各种驾驶策略并学习结果，逐渐学会了如何安全有效地驾驶车辆。例如，当系统尝试一种新的避障方法并成功避开障碍物时，它获得正面反馈；如果策略失败，导致接近碰撞，它接受负面反馈。通过这样的过程，系统逐步优化其决策算法，提高驾驶的安全性和效率。

将深度学习与强化学习结合，就形成了深度强化学习。在这个结合中，深度学习的网络部分负责解释和理解输入的环境数据（如图像、声音等），而强化学习部分则负责根据这些数据做出决策，并通过不断试验来优化这些决策。这让智能体不仅能"看到"和"理解"其环境，还能学习如何在这个环境中采取行动以获得最多的奖励。

AlphaGo就是使用深度强化学习技术的著名例子。它通过观察成千上万局围棋比赛来学习棋局的模式和走法。AlphaGo的神经网络能够处理复杂的棋局图像输入，而其强化学习算法则能够评估每个可能的棋步，并选择最有可能带来胜利的一步。

深度强化学习的一个关键优势是它能够处理极其复杂的、非结构化的环境信息，并在此基础上做出决策。这使得它非常适合处理那些传统算法难以解决的任务，比如自动驾驶车辆中的即时决策问题，或是需要在动态环境中快速适应的机器人技术。

第八章

便利与争议：
ChatGPT、Midjourney、
Stable Diffusion

图形芯片

芯片产业的诞生和发展

在1947年，贝尔实验室的三位科学家——约翰·巴丁（John Bardeen）、沃尔特·布拉顿（Walter Brattain）和威廉·肖克利（William Shockley），共同开创了电子设备迷你化的先河，他们发明的晶体管，彻底改变了电子学的发展轨迹。在那个时代，电子管是电子设备中不可或缺的组成部分，但它们体积庞大、耗电量高且效率低下。晶体管的出现，以其体积小、效率高和耐用性强的特点，不仅取代了电子管，还为现代电子学开启了一个全新的纪元。

这项发明为电子设备的发展奠定了坚实的基础，成为芯片行业历史上的第一块基石。晶体管的小型化特性，为电子计算机、便携式设备以及各种现代通信工具的小型化和便携化提供了可能。晶体管的发明不仅是技术

上的一次飞跃，更是打开了半导体工业的大门，引发了一连串的创新和产业变革。从收音机、电视机到复杂的计算机系统和移动通信设备，晶体管都是核心部件。其影响之深远，至今仍在塑造着我们的世界，影响着信息技术、医疗、交通和能源管理等多个领域。

1947年的这项发明，不仅标志着电子科技的飞跃，更是人类文明进步的一个重要里程碑。这三位科学家因此荣获了1956年的诺贝尔物理学奖。

1958年，电子工程领域迎来了另一场革命。杰克·基尔比（Jack Kilby）在德州仪器公司（Texas Instruments）提出了集成电路（IC）的概念，这是一种将多个电子组件集成在单一半导体晶片上的创新技术，实现了电路的高度集成和微型化。这一革命性技术不仅显著提升了电子设备的性能和可靠性，还在大幅降低成本和体积的同时，推动了电子产品向更小、更高效的方向发展。

基尔比的发明是对晶体管技术应用的一次重大突破，解决了当时电子设备中普遍存在的线路复杂、组装困难、成本高昂等问题。集成电路的引入，使得电子设备的设计和制造过程得到了极大的简化和标准化，提高了生产效率，增强了产品的可靠性。通过在一个小小的硅芯片上集成数十、数百甚至数千个电子元件，集成电路显著缩小了电子设备的尺寸，使得电子技术能够广泛应用于计算机、通信设备、军事装备和消费电子等多个领域。

在接下来的几十年中，集成电路技术不断进步，元件的集成度越来越高，从小规模集成（SSI）到中规模集成（MSI）、大规模集成（LSI），直至超大规模集成（VLSI），每一步都标志着电子技术的巨大飞跃。基尔比因其在半导体集成电路领域的革命性贡献，获得了2000年诺贝尔物理学奖。

1965年，英特尔公司的联合创始人和技术领导者戈登·摩尔（Gordon Moore）提出了著名的摩尔定律，预言集成电路上可容纳的晶体管数量大约每两年会翻一番。摩尔定律揭示了电子设备的计算能力将以惊人的速度增长的趋势，成为半导体和电子行业的核心驱动力，推动了更高密度集成电路的研发。

摩尔定律的应用不局限于半导体制造，它还激发了软件开发、消费电子产品设计以及计算技术领域的创新，因为市场和技术开发者都期望设备的性能持续增强，且成本相对降低。

1971年，英特尔（Intel）推出了世界上第一款商用微处理器4004，这一事件标志着个人计算时代的开始，开启了电子技术在全球范围内的普及。

4004微处理器的推出，使得计算能力得以从大型计算中心走进普通家庭和小型办公室，极大地缩减了计算机的体积和成本，实现了个人计算机的概念。4004微处理器包含了2300个晶体管，运行速度可达740千赫兹，虽然按今天的标准看来，这样的性能相对较低，但在当时，它开创了微型计算设备的可能性。随着微处理器的普及，电子技术开始迅速渗透到日常生活的各个方面，改变了人们处理信息和进行通信的方式。从业务办公到个人娱乐，从数据处理到文本编辑，微处理器的应用范围在不断拓展。此外，它还催生了一系列新兴行业，包括软件开发、电子游戏和在线服务等，极大地推动了全球信息技术产业的发展。

随着光刻技术和材料科学的不断进步，半导体制程技术已从微米级逐步进入纳米级，每一次制程节点的缩小，都带来了性能的显著提升和功耗的大幅降低，还实现了成本的有效减少。这些技术进步不仅推动了电子产品的广泛应用，也促进了其应用领域的显著扩展，从基本的消费电子到高端的服务器和超级计算机。

这种技术革新也在全球经济一体化进程中，显著改变了芯片制造业的地理分布。在亚洲地区，尤其是中国台湾、韩国和中国大陆，已成为全球重要的半导体生产基地。这些地区凭借先进的制造技术、较低的生产成本和政府的政策支持，成功吸引了大量的半导体投资，并逐渐发展成为全球半导体供应链中不可或缺的核心部分。

图形芯片的诞生和发展

图形芯片的诞生和发展，与电子游戏行业的兴起和进步密切相关。自1970年代初期以来，街机系统板就开始采用专门设计的图形电路。当时，视频游戏硬件面临的主要问题是帧缓冲区的RAM价格昂贵。为了解决这一问题，视频芯片被设计为在显示器扫描显示过程中实时合成数据，从而有效降低成本并提高图形处理的效率。

在这一背景下，一种称为桶形移位器（barrel shifter）的专用电路被开发出来，它辅助CPU对帧缓冲区的图形进行动画处理。这项技术首次应用于1970年代中期的一些街机电子游戏，例如由Midway和Taito发布的《枪战》《海狼》和《太空侵略者》。这些游戏的成功展示了专用图形硬件在提升游戏体验方面的潜力。

1979年，Namco的《小蜜蜂》街机系统采用了支持RGB颜色、多色精灵和瓦片图背景的专用图形硬件，这不仅提高了图形的色彩和细节，也使动画更加流畅，极大地增强了玩家的沉浸感。这种先进的图形系统很快被包括Namco、Centuri、Gremlin、Irem、Konami、Midway、Nichibutsu、Sega和Taito在内的多家游戏公司广泛采用，在街机视频游戏的黄金时代起到了举足轻重的作用。

1977年，雅达利（Atari）2600的推出标志着家用游戏机的重要发展。该系统使用了电视接口适配器（Television Interface Adaptor, TIA），这是一种为游戏控制台设计的创新视频芯片，使得雅达利2600能够用普及的家用电视机作为显示器，在硬件上直接生成并控制视频信号。TIA的设计大大简化了游戏图形的生成过程，允许游戏开发者更自由地创作各种视觉效果，尽管受限于当时的技术水平，图形仍然比较原始。

雅达利 2600

之后，雅达利继续推动图形硬件的发展，在1979年推出8位家用计算机系列，搭载了先进的视频处理器，称为ANTIC（Alphanumeric Television Interface Controller）。与TIA不同，ANTIC引入了高级图形编程概念：显示列表。显示列表是一系列指令，描述了扫描线（电视屏幕上水平的图像行）如何被映射到显示屏上，以形成完整的视频图像。这种方法极大地提高了图形显示的灵活性和复杂性，允许开发者精细控制每一行的显示方式，从而创造出更复杂的图形和动画。

ANTIC的引入意味着不再需要连续的帧缓冲区来存储整个屏幕的图像数据。相反，ANTIC通过解释显示列表中的指令，动态地生成每一帧的图像，大幅度降低了内存的使用需求，并且提高了渲染效率。这使雅达利的8位计算机在图形处理能力上大大超过了其他竞争对手，包括同期的家用游戏机和其他个人计算机。

在电子游戏领域，3D技术的引入不仅标志着技术的突破，而且象征着玩家视角和体验方式的根本变革。游戏世界从简单的卡通式平面视图或固定俯视视角转变为以真实视角绘制的互动环境，为玩家提供了前所未有的沉浸式体验。这种转变最初应用在模拟类游戏中，在20世纪80年代中期的经典游戏《精英》中表现尤为突出。

《精英》采用线框图技术来勾勒物体的轮廓，虽然这种技术在视觉表现上相对简约，但具体的实现却依赖于高级编程技巧和复杂的数学运算。线框图技术通过突出物体的边缘，而非填充整个表面，为3D图形的早期发展提供了一种有效的解决方案，在当时的硬件条件下，这种方法减轻了计算负担，使得动画的渲染更为流畅。尽管图形简化了物体的表示，但它们的动画处理依然需要精密的数学计算和几何变换，以实现逼真的动态效果。

20世纪80年代末，16位处理器的出现赋予了开发者处理更加复杂图形的能力。在这一时期，着色技术（shading techniques）被引入游戏设计中，开发者能够通过颜色渐变和阴影效果来模拟物体的立体感，极大地丰富了游戏的视觉表现和场景的真实感。这些技术的融合标志着3D游戏图形从简单的线框模型向更加丰富和细致的渲染效果的转变。

NEC μPD7220 在个人计算机图形显示处理领域树立了新的里程碑，它是首款用单个大规模集成电路芯片实现的图形显示处理器。这项技术创新推动了低成本、高性能视频图形卡的设计与生产，激发了一系列性能卓越的产品问世，例如Number Nine Visual Technology所开发的图形卡。自μPD7220面世到20世纪80年代中期，它一直是市场上最著名的图像芯片之一。

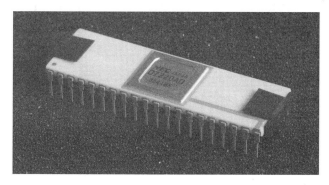

NEC μPD7220

作为第一个全集成的超大规模集成电路图形显示处理器，μPD7220支持高达1024×1024的分辨率，这在当时是一项令人瞩目的技术成就。这种高分辨率的支持为新兴的PC图形市场奠定了坚实的基础，开启了个人计算机在图形处理上的新纪元。凭借这些特性，μPD7220成为许多图形卡的首选处理器，其设计也被授权给其他公司，如英特尔。英特尔推出的第一款图形处理单元是82720。

1987年是计算机图形技术发展史上一个标志性的年份。IBM在这一年推出了8514图形系统，这是IBM PC兼容机中首批实现固定功能二维图元的电子硬件视频卡之一。8514在办公自动化和专业图形设计应用中展现了强大的图形处理能力。这款视频卡支持高分辨率和丰富的颜色，能够执行更复杂的二维图形操作，如线条绘制和区域填充，显著提升了图形渲染的效率和质量。

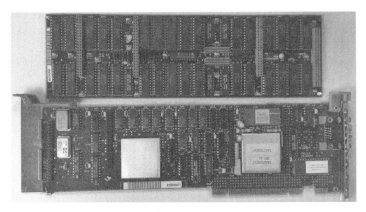

IBM 8514

同年，夏普（Sharp）推出了X68000计算机，这是一款针对高端用户和游戏开发者设计的系统。X68000配备了高度自定义的图形芯片组，拥有65536色调色板，并支持精灵、滚动及多重游戏场景的硬件加速，使其成为一个强大的游戏开发平台。事实上，X68000因其卓越的图形性能和灵活的硬件支持，被卡普空（Capcom）选为其CP系统街机板的主要开发机，这进一步证明了其在处理复杂图形和动画方面的能力。

到了1988年，图形技术的发展再次迈出了重要的一步。那一年，首款专用于渲染多边形3D图形的硬件板被引入街机中，分别是Namco的System 21和Taito的Air System。System 21被设计用来提供逼真的3D飞行模拟体验，而Air System则用于支持动态的飞行射击游戏。这些技术的应用不仅提升了游戏的视觉效果，也极大地丰富了玩家的游戏体验。

1987年，IBM引入了其专有的视频图形阵列（Video Graphics Array, VGA）显示标准，设定了最大分辨率为640×480像素，显著提高了计算机显示的清晰度和细节，为用户提供了更优质的视觉体验。

随后的1988年11月，NEC家电宣布创立视频电子标准协会（Video Electronics Standards Association, VESA），这是一个重要的行业组织，旨在开发和推广超级VGA（SVGA）计算机显示标准，作为VGA的后继产品。VESA的成立标志着行业对统一和提升显示技术标准的重视，致力于推动显示技术的持续发展和创新。

SVGA标准在VGA的基础上进一步提升，支持的图形显示分辨率高达800×600像素，相比VGA增加了36%的显示面积。这一提升不仅意味着更加清晰的图像和更细腻的视觉效果，还使得计算机能够更好地处理图形密集型的应用，如高级图形设计、视频编辑以及游戏体验。SVGA的推广为多媒体和专业图形应用的普及提供了重要的硬件支持。

到了20世纪90年代初，个人电脑的性能飞速提升，为游戏开发者提供了强大的硬件平台。他们利用这些资源，创造出了图形更精致且能够填满整个屏幕的游戏。这一时期，游戏行业经历了翻天覆地的变化，其中最具标志性的事件莫过于1993年《毁灭战士》的发布。这款游戏以其开创性的技术和设计吸引了广大玩家，还成功地将PC平台塑造成动作游戏的首选场所，标志着一个新时代的到来。

在《毁灭战士》中，玩家扮演太空陆战队员，在一系列设计精巧的迷宫般关卡中穿梭，打开一道道门，收集越来越强大的武器，消灭一波又一波的致命恶魔。尽管游戏的图形结构简单，但其视觉效果却极其震撼。墙壁上的砖块纹理、恶魔身上的红色鳞片都通过纹理包裹技术细致呈现，为玩家提供了深度沉浸的视觉体验。游戏中的光影运用和黑暗区域的设计，巧妙地增强了游戏的紧张感和恐怖氛围，让玩家仿佛置身于一个充满未知和危险的世界。

《毁灭战士》的成功不只体现在技术和艺术的创新上，还在于它促进了玩家社区的形成和发展。粉丝们不仅在网上分享攻略和经验，还组织局域网聚会，将他们的电脑临时联网进行多人对战。这种互动形式不仅让玩家享受到了共享游戏的乐趣，也加强了玩家之间的社交联系，使《毁灭战士》成为20世纪90年代电子游戏文化的一个重要标志。局域网对战成为一种文化现象，为后续的多人在线游戏提供了早期的模型，并激发了更多社交互动功能的开发。

《毁灭战士》的出现，极大地激发了游戏玩家、游戏开发商和硬件提供商的热情，推动整个电子游戏市场进入一个全新的竞争时代。

在整个1990年代，随着计算机技术的飞速发展，2D图形用户界面加速技术也取得了显著进步。制造能力的提高使得图形芯片的集成水平也在不断提升，从而能够支持越来越复杂和动态的用户界面和图形应用。

这一时期的重要技术发展之一是应用程序编程接口（API）的引入和普及。API作为软件与硬件之间的桥梁，让开发者能够更加容易地访问和利用底层硬件的功能，无须深入了解硬件的具体细节。例如，微软针对Windows 3.x系统推出的WinG图形库，就是一个加速Windows环境下的图形渲染的早期尝试。WinG优化了位图的处理，提高了图形操作的速度和效率，特别是在图像的移动和复制过程中。

随着操作系统的迭代，微软在Windows 95及后续版本中引入了更为先进的DirectDraw接口。DirectDraw是DirectX API的一部分，专门为2D图形处理设计。它提供了直接访问视频内存、硬件辅助的图像缩放、旋转和透明处理等全套功能，极大地提高了2D游戏和多媒体应用的图形性能，让开发者能够创建更加丰富和流畅的视觉效果。

在1990年代早中期，电子游戏和计算机图形技术的迅猛发展，使得实时3D图形技术在街机、电脑和游戏机游戏中变得日益普及，公众对硬件加速3D图形的需求随之激增。

我们现在所熟悉的术语GPU（图形处理单元）最初是由索尼在1994年提出的，当时用于描述其新发布的PlayStation视频游戏控制台中的32位Sony GPU，该处理器由东芝设计。GPU这个名字准确地描述了这种专门设计来处理图形计算任务的处理器的功能。

PlayStation的推出以及Sony GPU的应用，对游戏机市场乃至整个图形处理行业产生了深远的影响。Sony GPU专注于高效执行图形渲染任务，包括3D模型的处理、纹理映射、几何变换和光照处理等，为玩家带来了更加真实和沉浸式的游戏体验。

索尼通过将复杂的图形处理能力集成到单一的芯片中，有效地降低了成本，同时提升了性能，使得PlayStation在竞争激烈的市场中占据了优势。该处理器的成功推广了GPU这一概念，使其成为今后图形处理器的标准称谓，影响了后续多个世代的视频游戏系统和个人电脑的设计与开发。

随着PC游戏市场的迅速扩张，对高质量游戏图形的需求也日益增长，这促使硬件设计师们采用原本用于高端工作站的3D渲染技术。3dfx公司成为这个领域的先行者，将高端技术普及到了消费级PC市场。3dfx由一些来自硅图公司（Silicon Graphics）的资深员工创立，这些员工拥有丰富的工作站级图形处理经验，他们的加入为消费级市场注入了新的活力和创新。

1996年，3dfx发布了其革命性的产品——Voodoo，这种图形加速卡可以与传统显卡并行工作，显著提升了PC的3D图形性能，为游戏和其他图形密集型应用带来了前所未有的视觉效果。Voodoo技术通过实施复杂的3D算法和提供高级图形渲染功能，如双线性纹理过滤和MIP映射，显著提高了图形质量和渲染速度，使得PC游戏的图形表现力与当时最顶尖的游戏机和工作站相媲美。

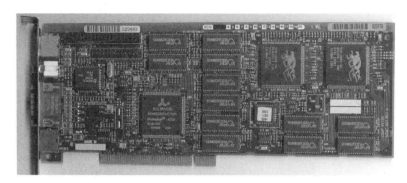

Voodoo

Voodoo显卡的成功推动了整个行业的技术进步，促使其他公司也加速开发自己的3D图形解决方案，竞争日趋激烈。Voodoo的影响不仅限于技术领域，还极大地推动了3D游戏的繁荣发展，让开发者能够创造出更复杂、更引人入胜的游戏环境和情节。此外，Voodoo的推出也改变了硬件制造商和游戏开发者之间的合作模式，引领了针对优化硬件性能的定制化游戏开发的趋势。

1997年2月，《雷神之锤》引擎的OpenGL版本的发布，让游戏界见证了3D图形技术的一次重大突破。这个版本使得玩家能够借助3D加速硬件提升游戏的视觉效果，使《雷神之锤》成为评估图形硬件性能的新基准。在这之前，即便搭载当时最高端的奔腾处理器，没有3D加速卡的支持，游戏场景也只能以320×200像素的低分辨率进行渲染，并且仅使用256色的调色板。这样的限制严重制约了游戏的色彩丰富度和细节表现，影响了游戏体验的沉浸感和视觉享受。

然而，当玩家的系统配备了3Dfx的显卡后，情况发生了天翻地覆的变化。这款显卡将分辨率提高了四倍，达到了惊人的640×480像素，并且能显示65536种颜色，让游戏的图像更加清晰，色彩的过渡更为自然，细节的表现也更加精细，从阴影的投射到光线的反射，每一个视觉元素都得到了显著的改善，也大大增强了整体的视觉冲击力。《雷神之锤》的视觉效果因此达到了前所未有的高度，为玩家带来了沉浸式的新体验，同时推动了整个游戏行业的发展，引领了一波游戏图形革命。

随着游戏的视觉需求不断增长，市场竞争日益激烈。众多公司竞相开发功能更强大的图形加速器，以提供更高的分辨率、构建更复杂的游戏世界、渲染更逼真的纹理和处理更精细的几何形状。

尽管3dfx公司的图形芯片一度凭借其卓越的性能主宰了硬核游戏玩家的市场，但英伟达（NVIDIA）和ATI（后被AMD收购）等竞争对手并没有放弃，他们开始关注那些不愿或无法承担购买两块显卡成本的玩家群体。随着时间的推移，特别是到了20世纪90年代末，游戏玩家的偏好开始转变。越来越多的玩家开始倾向于选择英伟达和ATI的产品，这两家公司通过不断的技术创新和市场策略调整逐渐赢得了市场份额。

英伟达推出的GeForce系列和ATI的Radeon系列产品，在图形技术上取得了显著进步，例如引入了硬件加速的T&L（变换与光照）功能，提高了处理复杂3D场景的效率。此外，这些新一代图形卡提供了更好的整合性，不仅在性能上有所提升，而且在能效和成本效益上也更具优势，吸引了广泛的消费者。

这种市场动态导致了3dfx的市场份额逐渐缩水。2000年，3dfx遭遇财务困难，最终被其竞争对手NVIDIA收购。这标志着一个时代的结束，同时也预示着图形加速技术进入了一个新的发展阶段。NVIDIA和AMD通过不断的技术创新和市场扩展策略，成为图形处理器市场的主导力量，推动了整个行业的进步。

英伟达和CUDA

英伟达成立于1993年，由黄仁勋（Jensen Huang）、克里斯·马拉科夫斯基（Chris Malachowsky）和柯蒂斯·普里姆（Curtis Priem）共同创立。最初，这是一家专注于图形处理单元（GPU）的研发公司，旨在提升计算机图形的渲染能力。从公司的早期挑战和探索开始，英伟达的发展历程充满了创新和变革，最终不仅在图形处理技术领域成为领导者，还成功扩展到深度学习、人工智能和自动驾驶等前沿科技领域。

英伟达成立之初，正值个人计算机普及之际，对高性能图形处理能力的需求日益增长。英伟达的创始人们看到了这个机会，开始着手开发能够提升视频游戏和专业图形应用性能的图形芯片。1995年，他们推出了第一款产品——NV1图形处理器。当时的家用游戏机巨头世嘉向他们伸出了橄榄枝，并送来700万美元的开发资金。拿到救命钱的英伟达很快着手NV2的研发。尽管开发顺利，但世嘉希望英伟达能采用行业主流的三角形绘图法，心高气傲的英伟达不肯妥协，不愿意放弃自己研究出来的方形绘图法，最终双方不欢而散，NV2也胎死腹中。尽管世嘉中断了与英伟达的合作，但并未撤走那笔700万美元的资金，而英伟达也靠着这笔钱成功存活下来。

几年后，英伟达推出GeForce 256显卡。GeForce 256不仅仅是一个图形加速器，它集成了转换、光照、三角形处理等功能，成为行业首款单芯片3D加速器。这标志了图形处理技术的一个重要转变，GeForce 256的成功确立了英伟达在全球图形市场的领导地位。

进入21世纪，英伟达不满足于仅在游戏和专业图形市场占据领先地位，开始探索如何将GPU应用在更广阔的领域。2006年，他们推出了CUDA（Compute Unified Device Architecture）技术，这是一种革命性的并行计算平台和编程模型，将GPU的应用从传统的图形渲染扩展到了科学计算、工程分析、金融建模、机器学习、深度学习等高性能计算领域。

CUDA架构允许开发者直接利用C/C++等高级语言编程GPU，降低了并行编程的门槛。它通过提供数千个并行工作线程来处理计算任务，使得科研人员和工程师能够在实验和数据分析上实现前所未有的速度，推动了人工智能、生物信息学和物理模拟等领域的快速发展。

随着CUDA技术的成熟和发展，越来越多的商业和学术机构开始利用这个平台来加速其研究和开发。英伟达通过CUDA建立了一个庞大的生态系统，包括硬件、软件、开发工具以及活跃的用户和开发者社区，这些都是支撑英伟达持续创新和领先行业的关键因素。

人工智能，尤其是深度学习领域，需要处理大量的数据并执行复杂的数学运算。这些运算通常涉及大规模的矩阵和向量计算，而GPU在这方面具有天然的优势。在CUDA技术出现之前，这类计算任务主要依赖于CPU来完成。然而，CPU的架构更适合串行计算，面对大量数据的并行处理就显得力不从心。

在CPU里，控制单元（Control）和缓存（Cache）的占比非常高，但是在GPU里，几乎都是用于运算的逻辑算数单元（ALU）。

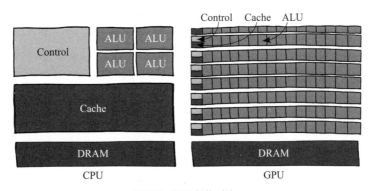

CPU 和 GPU 架构对比

因此，CUDA技术的引入彻底改变了这一局面。原本需要数周甚至数月才能完成的深度学习模型训练任务，现在可以在几天甚至几小时内完成。这种显著的速度提升为人工智能研究提供了前所未有的动力，让研究人员能够更快地迭代和优化模型，极大地加速了人工智能技术的创新和应用开发。

CUDA之所以能够成功并广泛应用，还得益于英伟达提供的丰富教程和文档，这些资源大幅降低了开发者的学习门槛，使得具有不同专业背景的科研人员和工程师都能够轻松地上手并利用GPU进行并行计算。随着时间的推移，CUDA已经成为高性能计算领域不可或缺的技术之一，对于推动计算科学的进步和创新起到了关键作用。

如今，随着更多的框架和库开始支持CUDA，例如TensorFlow和PyTorch，GPU加速的深度学习已经成为研究和工业应用的标准配置。这种集成进一步推动了CUDA的普及，使其成为学术界和工业界在进行复杂数据分析和模型训练时的首选技术。CUDA不仅是推动现代人工智能发展的核心技术之一，也是帮助科学家们在从气候模拟到精密医疗等多个领域解决一些最复杂问题的关键工具。

深度学习框架

在现代人工智能的发展历程中，深度学习框架扮演着至关重要的角色。TensorFlow、PyTorch、Keras和Caffe这四个框架各自有着不同的特点和发展历程，它们的故事也是深度学习技术进步的缩影。

TensorFlow起初是Google内部的一个项目，目的是通过构建一个分布式、高效和可扩展的系统来应对日益增长的机器学习需求。它的名字来源于两个关键概念：Tensor（张量）和Flow（流）。Tensor是深度学习中最基本的数据结构，可以理解为多维矩阵，用来表示数据和神经网络中的各种参数。而Flow则代表数据流图的运算，使用图形来描述计算过程，其中节点代表数学运算，边代表数据流动的方向。

2011年，Google Brain团队启动了一个名为"DistBelief"的研究项目，目的是开发一个能够处理大规模深度神经网络的系统。这个项目在语音识别、图像处理和自然语言处理等方面显示出了潜力，但随着时间的推移，它在适应新算法和快速实验迭代方面的局限性开始显现。

为了解决这些问题，Google Brain团队在DistBelief的基础上设计了一个全新的系统，就是TensorFlow。它于2015年被开源，其设计目标是成为一个灵活、可扩展且跨平台的机器学习库，既能支持研究原型的快速开发，也能处理大规模的商业应用。

TensorFlow的开源工作是由谷歌的两位研究员，杰夫·迪恩（Jeff Dean）和拉吉特·蒙加（Rajat Monga）领导的。杰夫·迪恩领导开发过许多项目，其中包括MapReduce和BigTable。MapReduce是一种用于大规模数据处理的编程模型和计算框架，而BigTable则是谷歌内部使用的一种分布式存储系统，它们的问世极大地促进了谷歌在大数据处理和存储方面的技术领先地位。杰夫·迪恩的技术能力之强大，让他成为谷歌的传奇人物，公司内部流传着很多关于他的故事。有人曾开玩笑说："杰夫·迪恩的密码是圆周率的最后4位数字。"

开源后，TensorFlow迅速获得了广泛的关注和应用，成为最受欢迎的深度学习框架之一。TensorFlow的设计哲学极大地推动了其在学术界和工业界的普及。开发者可以使用高层次的API来快速构建和训练模型，同时也能够访问底层的操作来进行详细的调整和优化。

随着时间的推移，TensorFlow不断地迭代和更新，增加了更多功能。例如，TensorFlow 2.0发布时引入了对Keras的全面支持，这是一个在社区中广泛使用的高级神经网络API。Keras的集成使得TensorFlow的用户体验更加友好，同时保持了原有的强大和灵活性。

TensorFlow的成功也带动了相关生态系统的发展，包括TensorFlow Extended (TFX)、TensorFlow Lite和TensorFlow.js等工具，这些都是为特定平台或应用场景设计的。无论是在服务器上处理大规模数据，还是在移动设备和浏览器上运行轻量级模型，TensorFlow都能提供有效的支持。

Keras是由法国计算机科学家弗朗索瓦·肖莱（François Chollet）在2015年开发的。当时他在Google工作。肖莱对现有深度学习框架操作复杂性感到不满，他希望创建一个既能支持快速实验，又能简化用户操作的工具，以便用户能够不受阻碍地将想法迅速转化为实际模型，于是他设计了

Keras。

Keras的设计理念是"为人类服务"。这使得它的API设计简洁、模块化，易于上手，同时也能够灵活地进行复杂模型的构建。初期Keras支持多种后端引擎，如Theano和TensorFlow，让用户根据需求选择最适合的计算引擎。这种灵活性让Keras的应用范围从图像和语音识别拓展到自然语言处理等多个领域。

随着Keras的流行，它逐渐成为一个社区驱动的项目，吸引了全球众多开发者和研究人员的参与和贡献。社区基础的不断壮大推动了新功能的开发和既有功能的改进，也丰富了Keras文档和教程，帮助更多的人了解和使用深度学习技术。

肖莱本人也成为知名的"网红"开发者。他曾经在arXiv上公开了一篇题为《智慧的衡量》（*The Measure of Intelligence*）的论文，探讨了人类应该如何理解以及正确地测量生物体/智能体的智慧。在这篇论文中，肖莱对机器学习领域中过分强调模型在单个任务中的表现提出了批评。他认为，尽管一些模型在复杂任务中取得了比人类更好的表现，比如CNN家族在ImageNet图像分类中超越人类、AlphaGo在围棋上击败人类、OpenAI Five在DOTA2中击败人类、AlphaStar在《星际争霸2》中击败人类，但这并不代表这些模型具有智慧。

因此，肖莱在论文中提出了一个关键问题：AI系统是否拥有智慧的标准是什么？而我们又应该用什么样的方法来测量AI系统的智慧？他认为，需要重新思考智能的本质以及如何准确衡量智慧。

2017年，TensorFlow团队宣布将Keras集成为TensorFlow的官方高级API，这是属于Keras的重要里程碑。这种整合不仅提升了Keras的功能和性能，还简化了用户的学习曲线，因为他们可以通过Keras的简洁API利用TensorFlow强大的计算能力。此后，Keras和TensorFlow的结合越来越紧密，Keras也因此成为执行TensorFlow操作最受欢迎的方法之一。

PyTorch的前身是Torch，一个由杨立昆等人推广的使用Lua语言的科学计算框架，Torch因其强大的功能和灵活性在科研界有一定的流行度，特别是在机器学习和计算神经科学领域。然而，Torch的使用受到了Lua语言的普及度的限制。

为了满足深度学习研究和开发的需求，PyTorch应运而生，它基于Python的框架，保留了Torch的核心特性，如动态计算图，同时利用了Python语言的广泛接受度和丰富的生态系统。PyTorch由Facebook的人工智能研究团队（FAIR）与纽约大学、Idiap Research Institute和École Polytechnique Fédérale de Lausanne的研究人员合作开发，于2016年正式发布。

PyTorch的设计哲学是"优先考虑研究者的需求"，它的动态计算图和直观的接口使得调试和优化深度学习模型变得更加直接和容易。此外，PyTorch提供了丰富的API，支持GPU加速，极大地提高了运算效率，这些特点使其在学术研究中得到快速普及。

自发布以来，PyTorch迅速成为深度学习研究的首选框架之一，特别是在自然语言处理和计算机视觉等前沿领域。它的成功部分归功于其开源社区的活跃参与。开发者和研究人员不断地为PyTorch贡献新的功能和改进，从而保持其技术的前沿性和实用性。

除了在学术界的流行，PyTorch还逐步加强了对工业应用的支持，推出了多个与生产环境相关的工具和库，如PyTorch Mobile、TorchScript等，这些工具帮助开发者将研究成果更容易地部署到生产环境中。此外，与其他技术巨头如谷歌和亚马逊的合作，也推动了PyTorch在云计算和大数据处理方面的应用。

Caffe，全名Convolutional Architecture for Fast Feature Embedding，是一款深受欢迎的深度学习框架，专为图像处理和视觉识别任务的性能优化而设计。自2014年由加州大学伯克利分校的博士生贾清扬开发以来，Caffe见证了深度学习技术在图像识别领域的应用进展及其对工业和科研的影响。

贾扬清是浙江绍兴人，本科和研究生阶段就读于清华大学自动化专业，后赴加州大学伯克利分校攻读计算机科学博士。贾扬清当时是贝尔基金会人工智能实验室（Berkeley AI Research Lab, BAIR）的一员，他设计了Caffe以满足快速实验的需求。Caffe以高性能和高效率著称，能够快速处理大规模图像数据，因此在科研和工业界得到了广泛应用。

Caffe的模块化架构是其一大亮点，它为用户提供了极高的灵活性，使得定义、训练和部署网络模型变得简单。此外，Caffe提供了丰富的预训练模型和开箱即用的特性，这些模型已经在多个知名的数据集上进行了训练和优化，用户可以很方便地调用它们来处理自己的数据或开展新的研究。这种易用性和即时模型访问极大地促进了Caffe在学术界和工业界的流行。

在技术层面，Caffe利用了GPU的加速计算能力，显著提高了处理速度和效率。这种对高性能计算的优化使得Caffe特别适合于需要处理大量数据和复杂计算的应用场景，如大规模图像分类、物体检测和其他计算机视觉任务。Caffe的效率和速度是其主要的竞争优势。

Caffe还以易于编程和部署而闻名。它支持多种操作系统，并且可以轻松地与其他编程语言和环境（如Python和MATLAB）集成。这种灵活性使得Caffe不仅被研究人员用于前沿科学研究，也被工业界用于产品开发和实际应用。

随着深度学习技术的发展，Caffe逐渐面临着TensorFlow、PyTorch等新兴框架的竞争。这些新框架提供了更多的灵活性、更广泛的社区支持和更快的技术迭代。尽管如此，Caffe在视觉数据处理的特定领域，尤其是在学术界和工业界，仍然保有一定的地位和影响力。

从大语言模型到 Transformer

在20世纪90年代，语言模型的早期发展主要依赖于统计方法，如隐马尔可夫模型（Hidden Markov Model, HMM）和简单的n-gram模型。这些模型通过分析大量文本数据，计算词序列的概率来预测文本中的词语和句子的结构。

隐马尔可夫模型和n-gram模型在处理语言数据时，主要通过统计每个词出现的频率及其与其他词同时出现的频率来建立模型。例如，n-gram模型通过计算和分析词语的n个连续序列出现的概率来预测下一个词的出现，这种方法简单直接，易于实现。然而，这些模型通常只能捕捉到词语的表层关系，难以深入理解语句之间的复杂语义联系，特别是在处理长距离的词依赖和复杂的语义推理时表现不佳，这限制了它们在更复杂语言理解任务中的应用。

此外，早期的统计语言模型还面临数据稀疏性问题。模型的性能极大地依赖于观察到的数据频率，未在训练集中出现过的词或词序列会导致模型表现不佳，尤其在数据集较小或语言变化较大的场景中更为明显。

随着2000年代初期机器学习技术的兴起，特别是深度学习的发展，语言模型的研究开始转向更复杂的神经网络架构。2003年，约书亚·本吉奥和他的同事们提出了一种使用神经网络学习词嵌入的模型，这不仅改变了我们处理和生成自然语言的方式，还使得机器能够理解词与词之间的复杂关系，生成更加连贯和丰富的文本。

词嵌入技术通过为每个词分配一个密集的向量表示，捕捉词义之间的细微差别，这些向量在多维空间中的相对位置反映了词语之间的语义和语法关系。神经网络模型能够利用这些嵌入在处理自然语言任务时表现出更高的效率和准确性，如文本分类、情感分析和机器翻译。

随着计算硬件能力的提升和数据集的扩大，更多类型的神经网络及其变体被应用于语言建模。如长短时记忆网络和门控循环单元，因其在处理序列数据上的优势而被广泛使用。这些模型的核心优势在于它们能够通过记忆之前的信息来帮助生成语言，从而有效地处理具有时间序列特征的数据。

然而，循环神经网络在处理长序列时仍然面临梯度消失或梯度爆炸的问题，限制了模型对长期依赖信息的学习能力。为了解决这些问题，研究人员继续探索新的网络架构和优化技术，如引入注意力机制（Attention Mechanism）和Transformer模型，这些创新进一步推动了语言模型的发展，使得模型不仅能更好地处理长距离依赖，还能在多种复杂的自然语言处理任务中取得更为精确的效果。

注意力机制的灵感来源于人类的注意力过程，允许模型在处理信息时能够动态地聚焦于那些对当前任务最关键的信息。

想象你正在一间繁忙的咖啡馆里与朋友对话。虽然周围充满了各种声音——旁边的人聊天、背景音乐、咖啡机的咆哮声，但你仍然能够集中注意力听清楚你朋友的话。你的大脑自动地过滤掉了其他不重要的声音，只关注与你朋友的对话相关的声音。这种在大量信息中筛选出最关键的部分来集中注意力的能力，正是人类注意力机制的一个实例。

在机器学习中的注意力机制也是类似的。假设我们的任务是从一篇文章中自动生成摘要。文章可能非常长，包含多个段落和细节，但并不是所有内容都同等重要。采用注意力机制的模型在生成摘要时，会评估每个词或短语对于摘要的重要性。模型通过"学习"来判断哪些部分是关键信息，应该被包含在摘要中，而哪些可以忽略。这样，就像你在咖啡馆里只听你朋友的话一样，模型也只"聚焦"于文章中最关键的信息。

在更技术性的描述中，注意力机制通过计算"注意力权重"来实现这一过程。这些权重决定了在给定的上下文中各部分数据的重要性。在自然语言处理任务中，如机器翻译或文本摘要，模型会使用查询（query）来代表当前需要聚焦的内容，与一组键（key）进行匹配，这些键对应数据中的不同部分，每个键都有一个值（value）。模型通过键和查询的交互，为每个值分配一个权重，表明其对于生成正确输出的重要性。

计算这些权重的一个常用方法是"点积注意力"，其中查询和每个键的点积结果决定了相应值的权重大小。然后，这些权重通过softmax函数进行归一化，确保所有权重的和为1，这样就可以像概率一样来处理它们。

Transformer模型中的多头注意力是注意力机制的一个重要扩展。在多头注意力中，注意力机制被复制多次，每个复制都会独立地关注输入的不同部分。这使得模型能够在不同的表示子空间中学习信息，从而捕获数据的更丰富的特征。

注意力机制的引入极大地提升了序列处理模型的性能，因为它允许模型直接从数据中学习到哪些信息是最关键的，而不是依赖于固定的序列处理结构（如递归神经网络中的隐藏状态），这不仅提高了模型的灵活性和效率，也使得模型在处理长序列数据时，能够更好地维持性能，不受长距离依赖问题的影响。

在深入了解大语言模型之前，我们需要明白它们主要是基于神经网络技术构建的，尤其是依赖于一种称为Transformer的先进架构。Transformer模型是专门为处理序列数据而设计的，它引入了自注意力机制（Self-Attention Mechanism），这使得模型在处理数据时能够高效地关注到输入序列中的任何部分，有效解决了长距离依赖问题。这一点对于理解自然语言至关重要，因为语言的含义通常需要根据语句中的远距离信息来确定。

谷歌的研究团队Google Brain在2017年首次提出了Transformer模型，并在论文《Attention is All You Need》中进行了详细介绍。这一研究成果标志着自然语言处理技术从依赖于复杂的循环神经网络和卷积神经网络转向采用更高效、功能更强大的架构。Transformer的核心优势在于其能够并行处理整个文本序列，大大提高了处理速度和效率。

Transformer 的诞生背景源于对自然语言处理（NLP）的效率和效果的双重追求。在此之前，NLP 领域主要依赖 RNN 及其变体，如长短时记忆网络（LSTM）和门控循环单元（GRU）。这些网络虽然在处理序列数据方面表现出色，但它们的顺序计算特性使得训练过程难以并行化，从而限制了处理大规模数据集的速度。

Transformer 模型的核心创新之一正是自注意力机制，它极大地改进了模型处理序列数据的方式。自注意力机制的工作原理是通过计算输入序列中所有单词对之间的关系权重来发挥作用，这些权重揭示了每个单词在整个序列中对其他单词的重要性。这种权重计算不局限于相邻单词，而是扩展到整个文本，无论单词间距离多远。这种能力使得模型在处理文本时，不仅能捕捉到单词之间的紧密联系，还能理解那些在文本中相隔较远的单词之间的联系，这对于理解那些具有复杂句子结构和深层含义的文本至关重要。

例如，当处理一个语法结构复杂的句子或文档时，自注意力机制能有效识别出文本中的关键信息，并对这些信息进行加权处理，从而确保即使是文本中距离较远的重要内容也能被模型捕捉到并给予足够的关注。这种处理机制显著提高了模型对整个文本结构和语义的理解能力。

与传统的循环神经网络和长短时记忆网络相比，自注意力机制展现出了更高的灵活性。它不受时间步长的限制，使得处理长序列数据时更为高效。Transformer模型采用了自注意力机制，在执行需要理解大量文本的任务时，能够识别并利用文本中的长距离依赖关系，从而在这些复杂的文本处理任务中表现出色。

自从Transformer模型被提出以来，它不仅彻底改变了自然语言处理的领域，还迅速成为多种语言模型的基础架构，其中最为人熟知的例子包括BERT（Bidirectional Encoder Representations from Transformers）和GPT（Generative Pre-trained Transformer）。这两种模型各有其独特之处，均基于Transformer的核心架构发展而来，展现了该技术的广泛适用性和强大功能。

BERT模型通过双向训练的Transformer编码器来学习语境化的词表示，这种方式使得每一个词都能在其前后文的语境中被理解，极大地提高了模型对语言理解的深度。这种双向训练策略是BERT区别于其他模型的关键特性，它允许模型捕捉到比传统单向模型更丰富的语境信息，从而在各种语言理解任务上展现出卓越的性能。

与此同时，GPT利用Transformer的解码器进行文本生成任务。不同于BERT的双向训练，GPT采用的是单向训练策略，这使得它在生成连贯和流畅的文本方面表现得尤为出色。GPT通过在大规模数据集上进行预训练，学习到复杂的语言模式后，能够在没有特定任务方向的前提下，生成与输入文本逻辑上连贯且相关的文本输出。

BERT和GPT这两种模型常被称为大语言模型，因为它们都是基于Transformer架构的具体实现，并且具备高度复杂的内部结构。这些模型特别之处在于它们通常包含从数十亿到数万亿的参数，体现了在当前人工智能领域内对模型容量和复杂度的极限挑战。

这些大语言模型的训练通常在广泛且多样化的大规模数据集上进行，这使得它们能够学习语言的深层结构和复杂性。通过这种预训练方式，BERT和GPT不仅能捕捉到语言的细微差别，还能理解文本中的深层含义和语境关系。这种深度学习的能力让这些模型在不同的自然语言处理任务中表现出色，包括但不限于文本生成、问答系统、文本摘要和情感分析等。

大语言模型的训练通常分为两个主要阶段：预训练（pre-training）和微调（fine-tuning）。预训练阶段中，模型首先在大量的未标记文本数据上学习语言的通用模式和结构，从而获得广泛的语言知识。在这一阶段，模型不会专注于任何具体的任务，而是通过处理和学习来自各种来源的大量文本，识别和理解语言中的基本元素和复杂结构，如句法、语义关系等。

例如，GPT系列模型在此阶段通过各种语言建模任务，如下一词预测，学习了复杂的语言表示，进而捕捉文本中的深层语义和结构信息。

预训练阶段完成后，模型进入微调阶段，这是一个针对特定下游任务进行的优化过程。在微调阶段，模型在相对较小的、针对特定任务标记好的数据集上进行进一步训练，目的是调整和优化模型的参数，使其更好地适应特定的应用场景和需求，如文本分类、问答系统、情感分析或文本生成等。通过在特定任务上的微调，模型能够将在预训练阶段学到的广泛语言知识应用到具体问题的解决中，从而显著提高任务的执行效率和精确度。

这种两阶段的训练策略大大增强了模型的通用性和适应性，使得同一个基础模型能够通过不同的微调，适应多种不同的任务和应用。此外，这种方法也有效利用了未标记数据的丰富信息，减少了对大量标记数据的依赖，这在实际应用中具有重要的经济和技术意义。

OpenAI 和 ChatGPT

萨姆·奥特曼（Sam Altman）是OpenAI的关键人物，对人工智能领域产生了深远的影响。

奥特曼于1985年4月22日出生在美国伊利诺伊州的芝加哥市，并在密苏里州圣路易斯的一个犹太家庭中成长。他的母亲是一位专业的皮肤科医生，父亲则是一名房地产经纪人。作为家中四个孩子中的老大，奥特曼很早就承担起了更多的责任和期望。

八岁那年，他收到了一台苹果Macintosh电脑作为礼物。这台电脑不仅点燃了他对技术的热爱，也为他学习编程和探索电脑硬件打下了基础。2005年，奥特曼入读斯坦福大学，主修计算机科学。斯坦福为他提供了优越的学术研究环境，还让他置身于全球科技创新的中心——硅谷。然而，奥特曼在那里仅学习了两年就毅然选择退学，这是一个影响他未来职业生涯的重要决定。

2005年，年仅19岁的萨姆·奥特曼和朋友共同创立了Loopt公司。Loopt是一个基于位置的社交网络服务的创新企业，它允许用户查看朋友的实时位置，并分享自己的位置信息。这个概念在当时是相当前卫的，因为它结合了移动定位技术和社交网络的特性，为用户提供了一种全新的互动方式。

作为公司的首席执行官，萨姆·奥特曼成功为Loopt筹集了超过3000万美元的风险投资，包括来自Xfund的帕特里克·钟（Patrick Chung）及其团队的500万美元初期投资，以及红杉资本（Sequoia Capital）和Y Combinator等著名投资机构的后续支持。

尽管Loopt在筹资和业界声誉方面取得了显著成功，但它未能持续吸引用户。2012年3月，公司因未能达到预期的用户增长目标，以4340万美元的价格被绿点公司（Green Dot Corporation）收购。小小的挫折并没有打败奥特曼，对于他而言，这是一次宝贵的学习和成长经历。

Loopt被收购之后不久，萨姆·奥特曼与他的兄弟杰克·奥特曼（Jack Altman）共同创立了Hydrazine Capital，一家专注于投资早期科技创业公司的风险投资公司。

2011年，奥特曼加入了著名的创业加速器Y Combinator，担任合伙人，最初是以兼职的身份参与其中。Y Combinator自2005年由保罗·格雷厄姆（Paul Graham）、杰西卡·利文斯顿（Jessica Livingston）、罗伯特·莫里斯（Robert Morris）和特雷弗·布莱克威尔（Trevor Blackwell）共同创立以来，已经成为全球最具影响力的创业投资机构之一。这家机构的主要任务是帮助初创企业找到成长的途径，通过提供资金、资源和广泛的网络支持，促进这些公司的快速发展。

Y Combinator的加速器项目是其最为人称道的创新之一，该项目每年冬季和夏季各举办一次为期三个月的密集培训和支持。参与的初创企业不仅能获得必要的种子资金，还能得到行业专家和经验丰富的创业者的直接指导。在三个月的培训中，创业团队将参与由Y Combinator组织的一系列讲座和个别辅导，学习如何改进业务模型、产品开发以及市场策略。项目的高潮是每期的Demo Day，在这一天，所有的参与团队将向全球的投资者、媒体和其他重要利益相关者展示他们的产品和商业计划。

Y Combinator的影响力不仅体现在其创新的加速模式上，还体现在其在投资领域的卓越成就上。该机构投资的公司包括Dropbox、Airbnb、Stripe、Reddit和Cruise Automation等，现在这些公司都是各领域的领头羊。

Y Combinator还通过创建一个强大的创业社区，推动初创企业文化的发展。这个社区不仅包括了众多YC孵化器项目中的校友，还涵盖了广泛的投资者和行业专家。这种庞大而活跃的网络资源为创业公司提供了难得的交流、合作和支持的机会，帮助许多公司在日后的发展中获得了持续的动力和关键的帮助，使它们在艰难的市场环境中找到了生存和发展的途径。

随着时间的推移，Y Combinator也在不断扩展和深化其服务范围，并推出了YC Continuity基金，专注于为YC孵化器项目的校友提供后续增长阶段的资金支持。这个基金的目标是帮助那些已经展示出初步成功并需要更多资本来扩展业务的公司。此外，Y Combinator还成立了YC Research，这是一个研究实验室，致力于推动长期的科学和技术研究项目，如人工智能安全、生物技术和新能源技术等，旨在解决人类面临的一些最紧迫的问题。

在这一切背后，作为Y Combinator的合伙人，萨姆·奥特曼在指导初创公司方面发挥了重要作用。他帮助孵化和指导了一系列成功的初创企业，包括Reddit、Stripe和Airbnb等。

在2015年的12月，人工智能领域迎来了一个标志性的时刻。

萨姆·奥特曼、格雷格·布罗克曼（Greg Brockman）、里德·霍夫曼（Reid Hoffman）、杰西卡·利文斯顿（Jessica Livingston）、彼得·泰尔（Peter Thiel）、埃隆·马斯克等科技界重量级人物，携手亚马逊网络服务（Amazon Web Services, AWS）、印孚瑟斯（Infosys）以及YC研究，共同宣布了OpenAI的成立。这个非营利组织致力于人工智能研究的开放式研究，确保AI技术的发展能够惠及全人类。该组织承诺投资超过10亿美元来支持其研究项目，其中，马斯克是最大的单一捐赠者。

布罗克曼认识到，要在这个快速发展且竞争激烈的行业中脱颖而出，必须吸引顶尖的人才。因此，他会见了深度学习领域的重要人物之一约书亚·本吉奥。本吉奥不仅是该领域的奠基人之一，而且对于全球范围内的人工智能人才有着深入的了解。

布罗克曼从本吉奥那里获得了一份人工智能领域杰出学者的清单。借助这一宝贵资源，布罗克曼成功地招募了清单上的九位顶尖学者，作为OpenAI的首批核心研究员，为机构的研究团队奠定了坚实的基础。

尽管OpenAI是一个非营利机构，但为了在激烈的高端人才争夺战中不处于劣势，它不得不开出与Facebook和Google等科技巨头相当的薪资。这使得OpenAI的早期运营成本非常高，但也确保了它能够吸引和留住业界最优秀的专家和研究人员。

2016年8月，英伟达的支持给OpenAI带来了重大的硬件加持。英伟达向OpenAI捐赠了其首台DGX-1超级计算机。这台专为深度学习和AI研究设计的高性能计算机，极大地提升了OpenAI在训练更大、更复杂的人工智能模型方面的能力，使得原本需要花费六天的大规模计算任务缩短到了仅需两小时。

2017年对于OpenAI来说是一个财务困难年。这一年，他们在云计算上的开销高达790万美元，占到了其整体功能性开支的四分之一，但这样的高性能计算资源是进行复杂人工智能模型训练不可或缺的。对比来看，同期的DeepMind，作为人工智能领域的另一个领先机构，其2017年的总支出达到了4.42亿美元。

到了2018年夏天，OpenAI在人工智能应用方面的野心进一步显现。这一时期，该机构进行了一项特别的挑战，训练一个能在多人在线战斗竞技游戏DOTA2中与人类顶尖玩家竞争的人工智能机器人。为了实现这一目标，OpenAI不得不租用谷歌的巨量计算资源，包括128000个CPU和256个GPU，并持续多周时间运行。

2018年对于OpenAI来说是一个转折点，当年，马斯克决定从其董事会席位辞职，部分原因是他在特斯拉作为首席执行官的职责与OpenAI的某些研究活动存在潜在的未来利益冲突。特别是，特斯拉在积极推动自动驾驶汽车的发展，这涉及大量的人工智能应用，与OpenAI的研究方向部分重叠。

另外，马斯克还对OpenAI在人工智能领域的进展感到不满，他认为该机构在与谷歌等其他技术企业相比已经落后。据奥特曼回忆，马斯克甚至提出自己接管OpenAI的建议，希望能通过更直接的控制加速OpenAI的研究与开发进程。然而，这一提议最终被董事会拒绝，因为他们担心这样的变动会影响机构的独立性和原有的研究方向。

同年，OpenAI发布了其首个大型语言模型GPT-1，称为"生成式预训练变换器1"，并在论文《通过生成式预训练改善语言理解》（*Improving Language Understanding by Generative Pre-Training*）中详细介绍了这一重大技术突破。

GPT-1的开发采用了一种革新的半监督学习策略，分为无监督的预训练阶段和监督的微调阶段，使模型能够理解和生成人类语言的基本模式并适应各种具体应用。

2019年2月，OpenAI引入了GPT-2，作为基础GPT模型系列中的新成员。GPT-2在一组庞大的数据集上进行了预训练，该数据集包含了约800万个网页，涵盖了广泛的主题和语言风格。GPT-2的完整版本——一种具有15亿参数的模型——最终在同年11月5日全面发布。

作为GPT-1的后续版本，GPT-2在多个方面进行了显著扩展和优化，其参数数量和训练数据集的规模都比前者增加了十倍。这一扩展不仅增强了模型的语言处理能力，也使其能够在更广泛的应用场景中表现出色。GPT-2是一个多功能的通用学习模型，它的核心能力在于通过准确预测文本序列中的下一项来执行各种任务。这种能力使得GPT-2能够进行文本翻译、回答关于文本主题的问题、从更大的文本块中提取关键信息进行总结，以及输出在某些情况下几可乱真的文本。

2019年，OpenAI经历了一次重大转型，由一家非营利组织转变为一个"限利"公司。这种独特的营利模式设定了一项显著的利润上限，即任何投资的100倍，旨在平衡盈利目标与社会责任。这一转变使OpenAI能够在合法框架内吸引风险投资，并向员工提供股份，从而在顶尖人才的争夺战中与谷歌大脑、DeepMind和Facebook等研究机构站在同一起跑线上。

同年，OpenAI与微软建立了深入的合作关系，获得了微软高达10亿美元的投资。作为合作的一部分，OpenAI的所有关键系统和模型训练都被迁移到了微软的Azure超级计算平台上，这为OpenAI的研究提供了必要的计算资源和技术支持。

2020年，OpenAI推出了GPT-3（Generative Pre-trained Transformer 3），这是一个具有前所未有的规模和能力的语言模型。GPT-3的开发是基于大规模互联网数据集的训练，使其不仅能够解答自然语言问题，还能在不同语言之间进行流畅的翻译，并且能连贯地生成即兴文本。

GPT-3的技术规格尤其令人瞩目。它能处理高达2048个Token的上下文，使用16位精度进行运算，拥有1750亿个参数，这一数量是其前身GPT-2参数数量的百倍以上。为了支持这种规模的模型，它需要占用高达350GB的存储空间。这种庞大的计算能力和存储需求，使GPT-3成为当时世界上最大、最复杂的语言模型之一。

GPT-3的发布不仅是技术上的一个突破，还展示了人工智能在处理语言和理解的复杂任务上的新高度。它在自然语言处理领域表现出的能力，如文本生成、摘要、翻译及问题回答等，证明了它在理解和生成人类语言方面的巨大潜力。此外，GPT-3的设计允许它在多种任务上进行训练，而不需要针对特定任务进行架构上的调整，这为提升模型的通用性和效能开辟了新途径。

2022年12月，OpenAI又取得了一项重大成就，推出了基于GPT-3.5的新型人工智能聊天机器人ChatGPT的免费预览版。ChatGPT迅速在社交媒体上走红，在发布后的短短五天内，注册用户数量就突破了一百万。ChatGPT的设计充分利用了GPT-3.5模型的语言处理能力，能够与用户进行流畅的对话，提供信息查询、文本生成和解答各种问题的服务，显示出人工智能在自然语言理解和生成方面的惊人进步。

2023年1月23日，微软宣布了一项重大投资计划，将在未来几年内向OpenAI Global LLC投资高达100亿美元。这笔巨额资金的部分将用于扩展和优化使用微软的云计算服务Azure的能力，以支持OpenAI的技术发展。根据投资细节，微软有望从OpenAI的运营中获得高达75%的利润回报，直至收回投资，并且在这个过程中持有OpenAI约49%的股份。这一战略举措被看作是微软加强其在人工智能领域的竞争力的部分尝试，旨在将OpenAI的先进技术，如ChatGPT，更深入地集成到其现有产品和服务中。

这次投资的一个关键动机是将OpenAI的ChatGPT技术集成到微软的搜索引擎必应（Bing）中。ChatGPT的能力，在提供与人类相似的对话体验和处理复杂查询方面表现出色，为必应搜索提供了一个巨大的潜在优势，特别是在当前用户对于交互式和智能化搜索工具需求日增的背景下。

微软的这一举措紧随其竞争对手谷歌的步伐。

谷歌在ChatGPT推出后，迅速宣布了一个类似的人工智能应用Bard，意在巩固其在搜索引擎市场的领导地位。谷歌意识到，ChatGPT在提供更人性化、更直观的搜索体验方面的潜力，可能会威胁到其作为信息获取首选来源的地位。2023年2月7日，微软进一步宣布正在将基于与ChatGPT相同基础技术的人工智能技术整合到Bing搜索引擎、Edge浏览器、Microsoft

365套件以及其他多个产品线中。

而在3月14日，OpenAI再次引领技术潮流，发布了最新的语言模型GPT-4。这一版本在GPT-3的基础上进行了多项关键技术的优化和扩展，继续推动了自然语言处理技术的界限。GPT-4不仅在模型大小和复杂性上有所增加，更在理解和生成语言的能力上取得了显著的进步，成为当时市场上最先进的人工智能语言模型之一。

然而，11月17日，OpenAI经历了一系列重大的领导层变动，萨姆·奥特曼被免去了首席执行官的职务。董事会成员包括海伦·托纳（Helen Toner）、伊利亚·苏茨克沃（Ilya Sutskever）、亚当·丹杰洛（Adam D'Angelo）和塔莎·麦考利（Tasha McCauley），一致认为需要新的领导来指引公司未来的方向。首席技术官米拉·穆拉蒂（Mira Murati）被任命为临时首席执行官，负责在这一过渡期内领导公司。

不久后，布罗克曼也辞去了公司总裁的职务，公司内部的其他关键人员也相继离职，包括研究总监兼GPT-4项目负责人雅库布·帕乔基（Jakub Pachocki）、人工智能风险负责人亚历山大·马德里（Aleksander Madry）以及研究员西蒙·西多尔（Szymon Sidor）。这一系列变动加剧了公司内部的不稳定状态。

11月18日的报道显示，在微软和Thrive Capital等主要投资者的强烈支持下，奥特曼重返OpenAI首席执行官职位的讨论正在进行。这些投资者对萨姆的离开表示反对，认为他的领导对OpenAI的未来发展至关重要。

但是与奥特曼的复职谈判最终未能达成一致，埃米特·希尔（Emmett Shear）接替米拉·穆拉蒂，成为临时首席执行官。

2023年11月20日，微软首席执行官萨提亚·纳德拉（Satya Nadella）宣布奥特曼和布罗克曼将加入微软，领导一个新成立的先进人工智能研究团队。纳德拉强调，奥特曼和布罗克曼虽然即将开始在微软的职业生涯，但他们仍然致力于OpenAI的未来发展，并将继续支持该机构的使命和目标。

在微软与奥特曼的合作最终敲定之前，奥特曼给OpenAI的董事会提供了一个最后的协商机会，希望能解决双方之间的分歧。与此同时，包括首席技术官米拉·穆拉蒂和联合创始人伊利亚·苏茨克沃（Ilya Sutskever）在内的OpenAI的747名员工签署了一封公开信，明确表示如果董事会不重新聘用奥特曼，他们将集体辞职并加入微软。这很快引发了OpenAI投资者的关注，部分投资者甚至考虑对董事会采取法律行动，以寻求对公司治理结构的改变。

作为对这一连串事件的回应，OpenAI的管理层向员工发送了一份内部备忘录，表明与奥特曼及董事会的谈判已经恢复，并强调这一过程需要一些时间来审慎处理。

2023年11月21日，经过一系列紧张而复杂的谈判，奥特曼和布罗克曼在OpenAI的董事会进行了重大重组后重新加入公司，恢复了他们之前的职位。这次董事会的重组引入了新成员，包括新任主席布雷特·泰勒（Bret Taylor）和资深经济学家劳伦斯·萨默斯（Lawrence Summers）。

随着奥特曼和布罗克曼的归来，OpenAI内外对他们未来能否引领公司走出困境充满了期待。他们的回归被视为是公司愿意修补内部裂痕并集中精力继续推动创新的一个明确信号。

2024年2月15日，OpenAI宣布了一项开创性的技术成就——视频生成模型Sora。Sora能够根据用户输入的文本描述，生成相对应的视频内容，是人工智能技术在多媒体内容创作领域的一大突破，预示着未来内容创造方式的根本变革。

Sora模型的开发集中于提高模型对文本的理解深度以及提升视频内容的质量和逼真度。它能够捕捉文本中的细节，转化为视觉元素，包括场景布置、人物动作和情感表达等，使生成的视频不仅丰富多彩，也富有表现力。此外，Sora采用了最新的机器学习技术和图形生成算法，使其在生成视频时可以实现高度的定制化和个性化，满足不同用户的需求。

这项技术的应用前景广阔，从企业品牌宣传、教育培训、娱乐产业到个人媒体创作，都能极大地受益于Sora的能力。例如，教育机构可以利用这一技术创建与课程内容相匹配的教学视频，增强学习体验；媒体制作公司能够快速生成新闻故事或剧本概念的原型视频，加速创作流程；个人创作者则可以通过简单的文本输入，实现复杂视频故事的创作。

2024年，OpenAI又先后发布了两款里程碑式的人工智能产品：ChatGPT 4o和ChatGPT o1。ChatGPT 4o不再单纯依靠庞大训练数据和复杂参数来获取语言处理优势，而是重点突出了多模态输入处理能力，能够同时接受文本、音频、图像等多种类型的输入。这种多模态特性让ChatGPT 4o在应对多媒体内容时游刃有余，不仅适用于实时互动的场景，更能够在多种感官信息交织的任务中提供高效、流畅的支持。尽管在深度推理和复杂问题的解决上略逊于ChatGPT o1，ChatGPT 4o依旧在一般语言任务和多模态应用中展现出了成熟而出色的表现。

与之形成对比的是ChatGPT o1，它在开发思路上并未将重心放在多模态拓展与实时交互上，而是通过强化学习与思维链推理的结合，专注于深度推理和复杂问题的解决。这种聚焦让ChatGPT o1在编程、数学和科学研究等需要多步分析与精准逻辑的领域中脱颖而出。ChatGPT o1还分化为ChatGPT o1-preview与ChatGPT o1-mini两个版本：前者在面对高难度任务时能够展现出卓越的探索能力和解决深层问题的技巧，后者则以更精简的结构为用户提供相对经济高效的解决方案，尤其适用于对资源投入敏感但仍需可靠分析的编码与科学任务。

Midjourney 和 Stable Diffusion

Midjourney和Stable Diffusion是近年来出现的两个具有革命性的人工智能工具，它们在创造力和艺术领域的应用开启了新的可能性。这些工具通过深度学习模型，能够根据用户的指令生成高质量、富有创意的图像，为艺术创作和视觉表达提供了前所未有的灵活性和广度。

扩散模型和Stable Diffusion

在机器学习领域，扩散模型（Diffusion Models），是一种强大的生成模型，也被称为扩散概率模型或基于分数的生成模型，通过模拟数据点在潜在空间中的扩散过程来学习数据集的潜在结构。扩散模型包含三个主要组成部分：前向过程、反向过程和采样程序。

扩散模型的前向过程是指从潜在空间中的样本生成观测数据的过程。在这个过程中，模型会通过一系列步骤逐渐将潜在样本转化为观测数据，其中每一步都会引入一些随机性，使得生成的数据更加多样化和真实。

反向过程则相反，是指从观测数据推断出潜在样本的过程。在这个过程中，模型会尝试逆向地重建潜在样本，从而揭示数据背后的潜在结构。这个过程通常要借助分推断或马尔科夫链蒙特卡罗（Markov Chain Monte Carlo, MCMC）等推断算法。

采样程序则允许从模型学习到的数据分布中随机抽取样本，生成新的图像或数据点。

想象一下，你有一张模糊的黑白图像，代表着观测数据。现在，你想生成一张清晰的彩色图像，但你不知道应该添加哪些颜色和纹理才能得到理想的结果。这时，扩散模型就能大显身手了。

扩散模型的前向过程就是尝试添加颜色和纹理的过程。你从基础的颜色和纹理开始，逐步将它们应用到图像上，一点一点地改进图像的质量。每一步都引入一些随机性，以增加图像的变化性和多样性。然后，你不断观察生成的图像，看看它们是否符合你的预期。如果图像质量提高了，颜色更加鲜艳，纹理更加清晰，那么你就可以继续进行下一步的尝试。如果不符合预期，就继续调整，直至满意。

反向过程则是通过观察生成的图像，推断出哪些颜色和纹理是适合的，从而更好地调整生成过程。

通过不断地尝试和调整，你最终能够生成一张符合你预期的清晰的彩色图像，这就是扩散模型在图像生成任务中的工作原理。它通过模拟数据在潜在空间中的扩散过程，帮助我们理解图像背后的潜在结构，并生成高质量的新图像。

扩散模型的应用不仅限于图像生成，它在数据降维和表示学习等领域也大放异彩。例如，在数据降维任务中，它们可以学习数据的低维表示，从而实现对数据的有效压缩和降维。在表示学习任务中，它们能够学习数据的分布特征，从而提取出有用的特征表示，为后续的学习任务提供更好的输入。

在计算机视觉领域，扩散模型更是大展拳脚，能执行图像去噪、图像修复、超分辨率等任务。这通常需要训练一个神经网络，从被高斯噪声模糊的图像中逐步移除噪声。

在图像生成的任务中，正向扩散过程类似于一滴墨水滴入水中扩散的过程，通过不断添加噪声使输入的清晰图片逐渐变成一个完全随机的噪声图。而反向扩散是正向扩散的逆操作。该模型被训练进行这个逆操作，从一个由随机噪声组成的图像开始，让网络逐步从噪声图中恢复出原始图像，实现图像的去噪和重构。

Stable Diffusion（稳定扩散）于2022年正式发布，它源于潜在扩散（Latent Diffusion）研究项目，由慕尼黑路德维希马克西米利安大学（Ludwig Maximilian University of Munich）和海德堡大学（Heidelberg University）的研究团队共同开发。其中，罗宾·罗姆巴赫（Robin Rombach）、安德烈亚斯·布拉特曼（Andreas Blattmann）、帕特里克·埃瑟（Patrick Esser）和多米尼克·洛伦茨（Dominik Lorenz）这四位杰出的研究人员后来加入了Stability AI公司，继续深化和完善Stable Diffusion。

Stable Diffusion的应用极为广泛，不仅可以根据文本描述生成细节丰富的图像，还能进行图像修复（inpainting）、图像外延（outpainting）以

及由文本提示引导的图像到图像的转换。值得一提的是，Stable Diffusion
是一种深度生成型人工神经网络，其代码和模型权重已经开源。这意味着
任何人都可以在至少拥有4GB VRAM的GPU的消费级硬件上运行此模型。

　　Stable Diffusion的开源策略为全球的研究者和技术爱好者提供了一个强大
的工具，使他们能够自由探索和实现文本到图像的转换。这种开放的姿态不仅
加速了技术的创新，也使得人工智能技术的红利惠及范围更广，更加大众化。

Midjourney

一张用 Midjourney 生成的图片

（提示词：the illustration is drawn with colorful lines in a flat style, with green as the main tone of the
background, composition perspective, This is a top view, looking down, 64K --ar 3:4 --s 1000）

　　戴维·霍尔兹（David Holz）曾经是虚拟现实（VR）领域知名企业
Leap Motion的联合创始人，该公司主要研究手势跟踪技术。从公司成立之
初，Leap Motion就因其创新的技术赢得了业界的广泛关注，并在短短三年

内获得了超过4000万美元的融资。霍尔兹和他的团队对自己的产品充满信心，期待能够推出一些能够改变世界的创新产品。

在公司发展的过程中，苹果公司曾提出想要收购Leap Motion，但霍尔兹认为苹果公司的出价过低，而且他认为苹果公司在史蒂夫·乔布斯去世后已经失去了往日的创新力。他渴望自己能创办一家真正具有创新力的公司，因此拒绝了苹果公司的收购提议，选择继续独立发展Leap Motion，希望通过自己的努力将公司推向新的高度。

2013年，Leap Motion相继推出了几款产品，但这些产品都表现平平，未能在市场上引起强烈反响。对于一家初创公司而言，这并不是一个积极的信号。市场的冷淡反应和增长的滞后导致Leap Motion难以获得新的投资。资金短缺导致公司运营困难，公司不得不裁员，许多优秀员工的流失让公司步入了下行通道。

尽管面临困境，霍尔兹和他的团队并没有放弃，他们反思并调整了公司策略，希望找到人机交互的新模式。尽管如此，市场的反馈仍然不尽人意。2019年，Leap Motion被行业内的另一家公司以较低的价格收购。

戴维·霍尔兹离开Leap Motion后，创建了Midjourney。

2022年7月12日，Midjourney进入公开测试阶段，向广大用户展示了其图像生成能力。此前，Midjourney已经启动了自己的Discord服务器，加强了用户社区的建设，为平台的发展奠定了基础。同时，Midjourney还在社交媒体平台Twitter和Reddit上征集高质量的照片，以便用来训练其图像生成系统。

Midjourney能够根据用户提供的简短文本提示生成独特的图像作品。它的强大之处在于能够理解并转化复杂的、抽象的描述，将它们具象化为视觉艺术。这不仅为专业艺术家提供了新的创作工具，也使得没有传统绘画或设计背景的人能够表达自己的创意思维。Midjourney的应用不仅限于艺术创作，还扩展到了产品设计、建筑可视化等领域，展现了AI在跨领域创新中的潜力。

DALL-E

DALL-E 生成的图片
（提示词：A young man using a computer, Manga style）

DALL-E是由OpenAI在2021年1月5日的博客文章中首次公布的，这是一款基于改良版GPT-3开发的模型，主要用于图像生成。DALL-E这个富有创意的名称是由动画电影《瓦力》中的机器人WALL-E和西班牙超现实主义艺术家萨尔瓦多·达利（Salvador Dalí）的名字巧妙结合而成的。

DALL-E模型可以被看作是GPT-3的多模态版本，具有120亿个参数。它的核心理念是将"文本转换成像素"，通过在互联网上训练文本与图像对来实现。具体来说，该模型的输入由一系列标记化的图像标题组成，后跟标记化的图像块。这些图像标题通常是英文，通过字节对编码进行标记化，词汇表大小为16384，并且最长可达256个标记。而每幅图像则是一张

256×256像素的RGB图像，被分割成32×32的块，每个块的大小为4×4像素。接着，每个块都会经过离散变分自编码器的处理，转换为一个标记，其词汇表大小为8192。

DALL-E与CLIP是一对协同开发的模型，一同向公众发布。CLIP是基于零次学习的独立模型，它在互联网上训练了4亿对图像和文本标题，扮演着"理解和排名"DALL-E的输出的角色。它通过预测从数据集中随机选取的32,768个标题中哪一个最适合某一图像，从而筛选出DALL-E生成的最合适的图像。

CLIP模型的独特之处在于其零次学习的方法，它不需要大量标记数据，而是利用互联网上的大量图像和文本对进行训练，自行学习如何理解图像并与文本相关联。这种基于自监督学习的方法使得CLIP具有更广泛的应用前景，不仅限于特定任务或领域。

CLIP通过分析大量的文本标题与对应的图像，建立了一种语义关联模式，使其能够理解图像背后的深层含义。当DALL-E生成一系列初始图像后，CLIP会评估这些图像，以确定哪些最符合给定的文本描述。这种联合评估过程提升了DALL-E生成图像的质量和准确性，使得最终输出更符合用户的预期和需求。

DALL-E和CLIP的协同工作，让OpenAI构建了一个强大的多模态生成系统，能够将文本描述转化为高质量的图像作品，并在保持创意性的同时，确保生成图像与描述之间的一致性和相关性。

2022年4月6日，OpenAI推出了DALL-E 2。这一新版本拥有35亿个参数，相比前一代有所减少。DALL-E 2采用了一个基于CLIP图像嵌入的扩散模型，这些嵌入在推断过程中由先前模型从CLIP文本嵌入生成。

2022年7月20日，DALL-E 2进入beta测试阶段，向100万等待名单上的个人发送了邀请。在这个阶段，用户每月可以免费生成一定数量的图像，并有机会购买更多的图像生成额度。之前，由于对伦理和安全的担忧，访问权限仅限于为了研究而预先选定的用户。随着测试的进展和技术的成熟， 2022年9月28日，DALL·E 2向所有人开放，并取消了等待名单的要求。

到了2023年9月，OpenAI宣布推出了最新的图像模型——DALL-E 3，它能够理解比以前的版本"更多的细微差别和细节"。这一版本的推出，进一步拓展了DALL-E系列模型的功能和性能，为用户提供了更加丰富和精细的图像生成体验。

生成图片的争议

Midjourney在艺术界和出版领域激起了波澜。2022年6月，英国杂志《经济学人》用Midjourney创作了一期封面，而意大利的《晚邮报》在同年8月发表了作家瓦尼·桑托尼（Vanni Santoni）使用Midjourney创作的漫画。查理·沃泽尔（Charlie Warzel）在《大西洋月刊》中使用Midjourney生成了两幅亚历克斯·琼斯（Alex Jones）的图像。

然而，使用AI生成艺术作品的做法也招致了一些人的批评，他们认为这可能会剥夺艺术家的工作机会。

一幅名为《空间歌剧院》的Midjourney图像在2022年科罗拉多州博览会的数字艺术竞赛中获得了第一名。其他数字艺术家对这一事件感到不满。参赛者艾伦毫不后悔，坚称他遵守了比赛规则。两位类别评审原本不知道那是用Midjourney生成的图像，但他们后来表示，即使知道了这一点，还是会将最高奖授予艾伦。

2022年12月，Midjourney被用来为一本AI生成的儿童书籍《爱丽丝和斯巴克尔》配插图，该书讲述了一个小女孩制造了一个有自我意识的机器人的故事。创作者阿马尔·里希使用Midjourney生成了大量图像，他从中选出13幅用在书上。这个做法同样受到了批评。

到了2023年，基于AI的文本到图像生成器，如Midjourney、DALL-E

或Stable Diffusion，已经能生成极具现实感的图像，引发了一波AI生成照片的热潮。一张由Midjourney生成的教皇方济各穿着白色羽绒服的照片引起了广泛关注。

在2023年5月之前，Midjourney实施了基于禁止词汇系统的内容审查机制，禁止使用与显性内容相关的语言，如性、色情、极端暴力等主题，以及某些特定词汇，如宗教和政治人物的名字。5月之后，随着5.0版的更新，Midjourney转向了由AI驱动的内容审查系统。这种先进的机制通过分析用户提示的整体内容，允许对用户提示进行更细致的解释。

2023年1月13日，三位艺术家萨拉·安德森（Sarah Andersen）、凯莉·麦克纳南（Kelly McKernan）和卡拉·奥尔蒂斯（Karla Ortiz）对Stability AI、Midjourney和DeviantArt提起了版权侵权诉讼，声称这些公司未经艺术家同意，使用从网络上抓取的50亿图像训练AI工具，侵犯了数百万艺术家的权利。

这项法律行动是由律师马修·巴特里克（Matthew Butterick）与约瑟夫·萨维里法律事务所（Joseph Saveri Law Firm）在旧金山发起的，该团队也在法庭上挑战微软、GitHub和OpenAI。2023年7月，美国地区法官威廉·奥里克（William Orrick）倾向于驳回安德森、麦克纳南和奥尔蒂斯提起的大部分诉讼，但允许他们提交新的投诉。

这些工具在艺术领域的应用促进了创新和实验。艺术家和设计师可以使用Midjourney和Stable Diffusion来探索新的视觉语言，实验不同的艺术风格和表现形式。这种技术的引入，不仅加速了创作过程，也拓宽了艺术的边界，允许创作者突破传统媒介的限制，探索先前难以实现的创意概念。

然而，这些工具的出现也引发了关于创作归属、版权和原创性的讨论。随着AI在创作过程中占有的比重越来越大，如何平衡人类艺术家的创意贡献与机器生成内容的界限成为一个重要议题。这要求艺术界、技术界和法律界共同探讨和建立新的框架，以确保艺术创作的健康发展和创作者权益的保护。

Midjourney和Stable Diffusion等工具展现了人工智能技术的巨大潜力，同时也对艺术创作的未来提出了新的思考。它们为创新开辟了新途径，同时也提出了新的挑战和问题，需要我们共同面对和解决。随着技术的不断发展，我们有理由相信，人工智能将在激发人类创造力和推动艺术创新方面发挥越来越重要的作用。

大模型困境和 DeepSeek

自从GPT-3问世以来，大型语言模型展现出了令人惊叹的能力。它们能非常聪明地理解人类的语言，并生成很自然的对话。然而，随着这些模型的规模不断膨胀，技术发展的路径似乎陷入了一种惯性的延续，逐渐暴露出多方面的瓶颈。

从模型的核心设计来看，基于Transformer架构的局限性正日益显现，成为制约进一步突破的枷锁。这种架构依赖注意力机制来理解语言，原理是让每个词语与所有其他词语建立联系，形成一张密集的关系网。不过，随着文本长度增加，这张网就变得特别复杂，计算量呈现出指数级的增长。像GPT-3这样的大型模型往往有很多层，每一层都要处理海量的数据，复杂度之高令人咋舌。更棘手的是，随着技术追求更长的上下文理解能力，计算需求的激增让硬件资源不堪重负。早期模型只需处理几百个词的片段，如今却要应对数万甚至数十万词，内存一下子就爆了。以当前先进的GPU为例，即便借助巧妙的优化手段，资源的利用效率也会因为碎片化而大打折扣，处理能力显著下滑。

这种计算方式带来的硬件压力在大规模模型中尤为突出。模型的参数量动辄达到万亿级别，每个参数都需要占用一定的存储空间。为了应对这一挑战，工程师们不得不将模型切分成小块，分散到众多显卡上并行处理，同时在数据流转中引入流水线般的协作，甚至将部分计算任务交给其他硬件来分担。但这样一来，设备之间的通信就成了新问题。每一次数据交换都会带来延迟，这些延迟累积起来，会让整个系统的效率大打折扣。比如，有些大型模型训练时用了几千块高端显卡，但实际效率很低，大部分时间都在等待数据传输，而非真正计算。

能耗问题也越来越严重。现在的高性能显卡耗电量惊人，当无数显卡聚集成庞大的计算集群时，其用电量堪比一座小城市。而且，为了给这些设备降温，数据中心还得用复杂的散热手段，这又增加了不少能耗。一些公司想通过设计巨型芯片来减少设备间的通信损耗。这种方案确实能在某些任务上提升效率，但这种芯片和现有的通用计算生态不兼容，很多工具和框架都需要重新调整，非常麻烦。

在数据方面，问题也很突出。现在主流模型的训练数据已经接近可用文本的极限。当模型需要更多数据时，重复使用相同的数据就会让模型"背书背多了"，变得死板，对新数据的适应能力变差。而且，互联网数据本身就有很多偏见和噪声，这些通过模型放大后，就会形成一个恶性循环：数据有问题，模型就有偏差，输出的结果也就不准确。

然而，一家来自中国的AI初创公司DeepSeek，以其惊艳的诞生为这些问题的解决提供了新的方向，并重新定义了人工智能发展的潜力。2023年，由梁文锋在杭州创立的DeepSeek，得到了他共同创办的量化对冲基金幻方的支持。同年7月，DeepSeek正式成立，并在短短数月后发布了首个开源模型DeepSeek Coder，专为编程任务设计。随后，DeepSeek LLM和DeepSeek-V2接连亮相，尤其是后者在2024年5月以低成本和高性能引发了中国AI市场的价格战。而真正让DeepSeek名震全球的，是2024年12月发布的DeepSeek-V3和2025年1月推出的DeepSeek-R1，这两款模型以极高的性价比和开源策略，迅速登上了全球AI舞台的中心。从上线以来至2025

年2月9日，DeepSeek App的累计下载量超1.1亿次，周活跃用户规模最高近9700万。其中，2025年1月20日至1月26日，DeepSeek App周下载量达到226万次。次周，下载量则直接飙升至6300万次，环比增长超2700%。更令人瞩目的是，DeepSeek的下载量迅速在全球数十个国家的应用商店跃居榜首，显示出其强大的国际影响力和用户接受度。

DeepSeek的成功离不开其在技术上的大胆尝试与精妙设计。它采用了包括混合专家体系结构（Mixture of Experts，MoE）、FP8混合精度训练和多token（词元）预测等一系列前沿优化技术，使模型训练能够在资源相对有限的环境下实现令人惊叹的性能。混合专家体系结构（MoE）是一种将任务分担给多个专家子模型的策略，每个子模型专注于处理特定类型的数据或任务，只有在需要时才被激活。这种方法大幅减少了计算资源的浪费，让模型在保持高性能的同时显著降低了对算力的需求。FP8混合精度训练则通过使用8位浮点数格式替代传统的16位或32位格式，进一步压缩了内存占用和计算开销，同时几乎不牺牲模型的精度。而多token预测技术则允许模型一次性生成多个词元，而非逐个输出，这不仅加快了推理速度，还优化了训练过程中的效率。

此外，DeepSeek-V3的训练过程堪称高效的典范。这款模型的开发仅耗资约550万美元，依托2048张英伟达H800显卡，在不到两个月的时间内完成训练。相比之下，西方一些大型语言模型的训练成本动辄高达数十亿甚至上百亿美元，例如OpenAI的GPT-4据称耗资超过1亿美元，而谷歌的PaLM训练成本据估算也在数亿美元级别。H800是英伟达的一款高端显卡，其性相较于更高端的H100有一定差距，然而，DeepSeek通过算法上的革新和工程上的优化，成功将这一硬件的潜力发挥到了极致。DeepSeek的"少即是多"哲学，打破了人们对AI开发必须依赖天量资源的固有认知，降低了进入这一领域的门槛。

低训练成本换来的是低使用成本，相比之下，OpenAI的GPT-4o每百万

token的成本在10至15美元之间，而Anthropic的Claude3定价更高。这种价格优势让DeepSeek-R1迅速吸引了大量中小型企业和独立开发者的关注，推动了AI技术从高端实验室走向更广泛的实际应用场景。更重要的是，DeepSeek坚持开源的核心战略，将其尖端模型的代码和权重免费开放给全球开发者社区。这一举动直接催生了无数基于DeepSeek架构的衍生模型和应用，从小型定制化聊天机器人到复杂的跨语言翻译工具，创新的火花在全球范围内迅速蔓延。这种开放策略也吸引了全球科技巨头的接入，包括英伟达、微软、亚马逊等行业领军企业都已开始与DeepSeek生态系统对接，进一步扩大了其全球影响力和应用范围。

DeepSeek的崛起还引发了全球范围内对AI发展路径的深刻反思。它用事实证明，AI的进步并不一定依赖于无止境的算力堆砌，而是可以通过聪明的算法设计和工程实践实现跨越式发展。这使得整个行业开始意识到应当重视研发创新而非简单的数据算力堆砌和资本竞赛，也许正在重构人工智能发展的规则。与此同时，DeepSeek的成功也打破了技术地缘壁垒，加剧了全球大模型竞争，并加速了通用人工智能（Artificial General Intelligence，AGI）技术突破。这对西方主导的AI生态构成了某种压力，迫使OpenAI、谷歌等公司重新审视其高成本、高资源依赖的战略方向。

更为深远的是，DeepSeek正在积极推动智能经济发展，通过降低AI应用门槛和普及高性能模型，为数字经济注入新的活力，并有望推动全球经济形态向以智能为核心的新阶段转变。

附　录

人工智能大事件时间线

- 1950年　图灵测试概念提出：英国数学家艾伦·图灵提出了图灵测试的概念，探讨了机器是否能表现出与人类相似的智能行为。

- 1956年　达特茅斯会议：在达特茅斯学院举行的一次会议上，约翰·麦卡锡、马文·明斯基、艾伦·纽厄尔和克劳德·香农等人首次提出"人工智能"这一术语，标志着人工智能作为独立领域的诞生。

- 1957年　罗森布拉特的感知机模型：弗兰克·罗森布拉特提出了感知机模型，这是一个简单的神经网络模型，被认为是深度学习的前身。

- 1958年　约翰·麦卡锡创建了Lisp编程语言：Lisp是人工智能领域的一种重要编程语言，被广泛用于符号处理任务。

- 1963年　约翰·麦卡锡成立了斯坦福人工智能实验室：这个实验室成为人工智能研究的中心，吸引了许多优秀的科学家和研究人员。

- 1966年　埃尔文·迪科特和泰瑞·温弗雷成立Bolt, Beranek, and Newman公司：这个公司在语音识别和语言理解方面进行了重要研究，并开发了早期的语音识别系统。

- 1973年　约瑟夫·魏岑鲍姆的专家系统Dendral：这是一个早期的专家系统，用于化学推理，被认为是人工智能领域中专家系统的里程碑。

- 1974年　特里·温斯顿提出了Lisp语言的frame概念：这是一种用于表示知识和推理的结构，对于知识表示在人工智能中具有重要意义。

- 1981年　日本推出第五代计算机计划：这个计划旨在研发第五代计算机，将人工智能技术融入计算机系统中。

- 1982年　卡内基梅隆大学成立了机器人研究所：这个研究所致力于开发各种类型的机器人，推动了机器人技术的发展。

- 1984年　CYC项目启动：Doug Lenat启动了CYC项目，旨在构建一个庞大的人工智能知识库，以帮助计算机理解和推理。

- 1987年　IBM推出Deep Blue：Deep Blue是IBM开发的国际象棋计算机，后来在1997

年击败了国际象棋世界冠军加里·卡斯帕罗夫。

- 1989年 World Wide Web的提出：蒂姆·伯纳斯-李提出了World Wide Web的概念，为人工智能领域的研究和应用提供了更广阔的平台。

- 1997年 Deep Blue击败加里·卡斯帕罗夫：IBM的Deep Blue在国际象棋比赛中击败了世界冠军加里·卡斯帕罗夫，这被视为人工智能的一个重要里程碑。

- 2000年 垃圾邮件过滤器的普及：随着垃圾邮件数量的增加，智能过滤器开始被广泛应用于电子邮件系统，以帮助用户过滤垃圾邮件。

- 2001年 谷歌引入PageRank算法：谷歌引入了PageRank算法，这是一种基于链接分析的搜索引擎排名算法，对搜索引擎的发展产生了深远影响。

- 2002年 火星探测器Spirit和Opportunity成功登陆火星：这些探测器携带了一些自主导航和自主决策系统，为机器人探索和自主操作方面的技术提供了重要经验。

- 2005年 YouTube成立：YouTube的出现为大规模视频数据的收集和分析提供了平台，促进了视频内容分析和推荐算法的发展。

- 2006年 推特（Twitter）成立：推特的出现为社交媒体数据的分析和挖掘提供了新的机遇，推动了自然语言处理和文本挖掘技术的发展。

- 2009年 IBM的深度QA项目：IBM启动了深度QA项目，旨在开发具有自然语言理解能力的智能系统，这为后来的Watson项目奠定了基础。

- 2010年 人类DNA序列解码完成：人类DNA序列的解码为生物信息学和基因组学领域的发展提供了巨大的数据资源，推动了生物信息学和人工智能的交叉研究。

- 2011年 IBM的Watson击败人类参赛者在《危险边缘》游戏节目中获胜：IBM的Watson系统在智力竞赛节目《危险边缘》中击败了两位人类参赛者，展示了其在自然语言理解和推理方面的强大能力。

- 2012年 谷歌X实验室启动Google Brain项目：Google Brain项目旨在开发大规模深度学习技术，并推动了深度学习在各种领域的应用。

- 2014年 微软发布Cognitive Services：微软推出了Cognitive Services，这是一组人工智能工具和API，为开发者提供了语音识别、图像识别、自然语言处理等功能。

- 2015年 AlphaGo击败围棋世界冠军李世石：DeepMind的AlphaGo程序在围棋比赛中击败了韩国围棋冠军李世石，这是人工智能在复杂策略游戏中的又一次突破。

- 2017年　OpenAI发布GAN（生成对抗网络）：GAN是一种深度学习模型，用于生成逼真的图像和数据，为图像合成和生成技术带来了重大进展。

- 2018年　DeepMind的AlphaFold在CASP14竞赛中取得突破：AlphaFold是一个用于蛋白质结构预测的深度学习系统，在国际蛋白质结构预测挑战（CASP）中取得了显著的进展。

- 2019年　全球AI伦理原则的制定：各大科技公司和国际组织纷纷制定了AI伦理原则，以确保人工智能的发展和应用符合道德和社会责任。

- 2020年　COVID-19疫情防控期间人工智能的应用：人工智能技术被广泛应用于疫情监测、诊断、药物研发等方面，为应对疫情提供了重要支持。

- 2021年　GPT-3发布：OpenAI发布了GPT-3模型，这是一个规模庞大的语言模型，展示了自然语言处理领域的最新技术进展。

- 2022年　AI在自动驾驶领域的进展：自动驾驶技术取得了显著进展，各大汽车厂商和科技公司推出了一系列自动驾驶解决方案。

- 2022年　GPT-3.5发布：OpenAI发布了GPT-3.5模型，进一步提升了自然语言处理的性能，标志着生成式人工智能技术的又一次突破。

- 2023年　AI在好莱坞引发罢工：由于人工智能可能取代演员和编剧，美国演员工会和编剧工会在2023年进行了大规模罢工，标志着人类首次集体抵抗人工智能的威胁。

- 2023年　《布莱切利宣言》签署：　在英国布莱切利公园召开的全球AI安全峰会上，包括中国在内的28个国家签署了《布莱切利宣言》，标志着全球在人工智能监管和安全合作上的进一步推进。

- 2023年　谷歌推出Gemini 1.0：12月，谷歌发布了其功能强大的大语言模型Gemini 1.0。

- 2024年　苹果与OpenAI合作：苹果与OpenAI达成合作，将AI功能整合到其产品中。

- 2024年　ChatGPT 4o和ChatGPT o1发布：OpenAI先后发布ChatGPT 4o模型和ChatGPT o1模型。ChatGPT 4o突出了多模态输入处理能力，能够同时接受文本、音频、图像等多种类型的输入。ChatGPT o1则专注于深度推理和复杂问题的解决。

- 2024年　约翰·J.霍普菲尔德和杰弗里·E.辛顿获得诺贝尔物理学奖：瑞典皇家科学院将2024年诺贝尔物理学奖授予美国科学家约翰·J.霍普菲尔德和加拿大科学家杰弗里·E.辛顿，以表彰他们在使用人工神经网络进行机器学习方面的基础性发现和发明。

- 2025年　DeepSeek-R1发布：1月20日，DeepSeek正式发布DeepSeek-R1。这款模型和2024年12月27日发布的DeepSeek-V3均以极高的性价比和开源策略，迅速登上了全球AI舞台的中心。

参考文献

[1]　维基百科条目：Talos、Pygmalion (mythology)、Paracelsus、Artificial intelligence in fiction、Science fiction、Frankenstein、History of science fiction、History of robots、Difference engine、History of artificial intelligence、History of computing、History of computing hardware、Computer、Alan Turing、Cryptanalysis of the Enigma、Bletchley Park、Ada Lovelace、Charles Babbage、ENIAC、EDSAC、First Draft of a Report on the EDVAC、History of science fiction、History of robots、Difference engine、History of artificial intelligence、History of computing、History of computing hardware、Computer、Atanasoff–Berry computer、Claude Shannon、Z3 (computer)、Manchester Baby、Dartmouth workshop、John McCarthy (computer scientist)、Marvin Minsky、Nathaniel Rochester (computer scientist)、Claude Shannon、Dartmouth College、AI@50、History of science fiction、History of artificial intelligence、Allen Newell、Herbert Simon、Cliff Shaw、Logic Theorist、cybernetics、artificial intelligence、John McCarthy、John Conway、Lisp (programming language)、Warren McCulloch、John Warner Backus、Grace Hopper、Nathaniel Rochester、IBM 701、Claude Shannon、John Holland、Donald MacCrimmon MacKay、Ray Solomonoff、Julian Bigelow、Oliver Selfridge、Pandemonium architecture、Dendral、Expert system、Shakey the robot、Stanford Research Institute Problem Solver、Lisp (programming language)、SRI International、Natural language processing、History of artificial intelligence、Fifth Generation Computer Systems、Ministry of International Trade and Industry、History of computing hardware、VAX 9000、Blocks World、SHRDLU、Edward Feigenbaum、MYCIN、DEC、Prolog、AI winter、Frank Rosenblatt、Marvin Minsky、Perceptrons、Strategic Computing Initiative、Lisp (programming language)、SRI International、Natural language processing、History of artificial intelligence、Fifth Generation Computer Systems、Ministry of International Trade and Industry、History of computing hardware、VAX 9000、Blocks World、SHRDLU、Edward Feigenbaum、MYCIN、DEC、Prolog、AI winter、Frank Rosenblatt、Marvin Minsky、Perceptrons、Strategic Computing Initiative、

Walkman、Panasonic、Toyota、Dynamic random-access memory、Ministry of International Trade and Industry、Flash memory、Toshiba、Advanced Simulation and Computing Program、Cyc、Very Large Scale Integration、Economy of Japan、Bayesian network、History of robots、ELIZA、Natural language processing、Joseph Weizenbaum、Knowledge Navigator、Clippy、Microsoft Bob、Artificial Linguistic Internet Computer Entity、natural language processing、Transformer (deep learning architecture)、Siri、DARPA、ASIMO、Toyota Partner Robot、AIBO、iCub、Machine learning、Decision Trees、Connectionism、Neural Networks、Support Vector Machine、Convolutional Neural Networks、Recurrent Neural Networks、Perceptron、Frank Rosenblatt、Kunihiko Fukushima、backpropagation、Fei-Fei Li、ImageNet、Google DeepMind、History of robots、Central Processing Unit、Graphics Processing Unit、Geoffrey Hinton、Deep Belief Networks、Long short-term memory、Backpropagation、Recurrent Neural Network、Generative Adversarial Network、Deep Blue、DeepMind、AlphaGo、AlphaStar、Graphics processing unit、Stable Diffusion、Bell Labs、Intel、History of computing hardware、Integrated circuit、3dfx、NVIDIA、CUDA、TensorFlow、Keras、PyTorch、Caffe (software)、OpenAI、ChatGPT、Sam Altman、Y Combinator、Midjourney、DALL-E、GPT-1、GPT-2、GPT-3、GPT-4.

[2]   Matteo Pasquinelli.The Eye of the Master：A Social History of Artificial Intelligence[M].Verso，2023.

[3]   Cornelius T. Leondes.Expert Systems: The Technology of Knowledge Management and Decision Making for the 21st Century.Academic Press，2001.

[4]   Sean Gerrish.How Smart Machines Think[M]. Mit Press，2019.

[5]   乔治·戴森. 图灵的大教堂：数字宇宙开启智能时代[M]. 杭州：浙江人民出版社，2015.

[6]   张军平.人工智能极简史[M].长沙：湖南科技出版社，2023.

[7]   马丁·坎贝尔-凯利，威廉·阿斯普雷.计算机简史[M].第三版.北京：人民邮电出版社，2020.

[8]   吴飞.走进人工智能修订版，北京：高等教育出版社，2023.

[9]   史蒂芬·卢奇，丹尼·科佩克.人工智能[M].第三版.北京：人民邮电出版社，2023.

[10] 安德鲁·霍奇斯.艾伦·图灵传——如谜的解谜者[M].长沙：湖南科学技术出版社，2012.

[11] 罗杰·彭罗斯、皇帝新脑：有关电脑、人脑及物理定律[M]. 长沙：湖南科学技术出版社，2007.

[12] 吉米·索尼， 罗伯·古德曼. 香农传：从0到1开创信息时代[M]. 北京：中信出版社，2019.

[13] 诺曼·麦克雷. 天才的拓荒者——冯·诺伊曼传[M]. 上海：上海科技教育出版社，2008.

[14] 托马斯·黑格， 保罗·塞鲁齐. 计算机驱动世界——新编现代计算机发展史[M]. 上海：上海科技教育出版社，2022.

[15] 刘韩. 人工智能简史[M]. 北京：人民邮电出版社，2018.

[16] 皮埃罗·斯加鲁菲. 人工智能通识课[M]. 北京：人民邮电出版社，2020.

[17] Dennis E. Shasha ， Cathy A. Lazere. 奇思妙想：15位计算机天才及其重大发现[M]. 北京：人民邮电出版社，2012.

[18] 尼克. 人工智能简史[M]. 北京：人民邮电出版社，2017.

[19] 赫伯特·西蒙. 科学迷宫里的顽童与大师：赫伯特·西蒙自传[M]. 北京：中译出版社，2018.

[20] 马文·明斯基. 心智社会：从细胞到人工智能，人类思维的优雅解读[M]. 北京：机械工业出版社，2016.

[21] 约翰·马尔科夫. 人工智能简史[M]. 杭州：浙江人民出版社，2017.

[22] 迈克尔·伍尔德里奇. 人工智能全传[M]. 杭州：浙江科学技术出版社，2021.

[23] 爱德华. A. 费吉鲍姆，帕梅拉. 麦考黛克. 第五代：人工智能与日本计算机对世界的挑战[M]. 上海：格致出版社，2020.

[24] 阿伦·拉奥，皮埃罗·斯加鲁菲. 硅谷百年史——伟大的科技创新与创业历程(1900—2013)，人民邮电出版社，2014.

[25] 伊本贵士. 人工智能全书：一本书读懂AI基础知识、商业应用与技术发展[M]. 北京：人民邮电出版社，2022.

[26] 安德鲁·格拉斯纳. 图说深度学习：用可视化方法理解复杂概念[M]. 北京：中国青年出版社，2024.

[27] 杨立昆. 科学之路[M]. 北京：中信出版社，2021.

[28] 特伦斯·谢诺夫斯基. 深度学习：智能时代的核心驱动力量[M]. 北京：中信出版社，2019.